U0230780

中国人类学的
定位与规范

Chinese Anthropology
Self-positioning and Normativity

高丙中　龚浩群　主编

北京大学出版社
PEKING UNIVERSITY PRESS

图书在版编目（CIP）数据

中国人类学的定位与规范/高丙中，龚浩群主编. —北京：北京大学出版社，2015.1
ISBN 978-7-301-25384-7

Ⅰ. ①中…　Ⅱ. ①高…②龚…　Ⅲ. ①人类学—学科建设—研究—中国　Ⅳ. ①Q98

中国版本图书馆 CIP 数据核字（2015）第 016532 号

书　　　　名	中国人类学的定位与规范	
著作责任者	高丙中　龚浩群　主编	
责 任 编 辑	董郑芳（dongzhengfang12@163.com）	
标 准 书 号	ISBN 978-7-301-25384-7	
出 版 发 行	北京大学出版社	
地　　　　址	北京市海淀区成府路 205 号　100871	
网　　　　址	http://www.pup.cn	
新 浪 微 博	@北京大学出版社　　@未名社科-北大图书	
电 子 信 箱	zpup@pup.cn	
电　　　　话	邮购部 62752015　发行部 62750672　编辑部 62753121	
印 刷 者	北京溢漾印刷有限公司	
经 销 者	新华书店	
	730 毫米×980 毫米　16 开本　13.75 印张　234 千字	
	2015 年 1 月第 1 版　2015 年 1 月第 1 次印刷	
定　　　　价	38.00 元	

目 录

序　言

置身当今世界的中国人类学"学格"

　　北京大学人类学专业的师生在 2002 年春天决定实施"海外民族志",尽最大的诚意遵守国际人类学界的学术规范来从事人类学的志业,其中最核心的要求是选择境外的社区进行田野作业,并且一定要使用调查对象的语言。在此之前,中国的人类学者一直都是在国内做调查,采用的写作语言一般都是汉语,凭借的知识语言主要是英语,偶尔会借助西方世界的其他语言,如法语、日语。

　　世界如此之大,中国人类学者选择田野工作的范围却如此封闭;世界的语言如此多样,中国人类学的工作语言却如此单一。我们要做中国的学术,却不能局限在中国的地盘上做;我们要用中文书写这个时代的文化,却不能因为我们只会中文。在全世界各处行走,讲世界上的各种语言,这就是我们在中国学界通过倡导海外调查研究而意图开创的知识生产新格局,并希冀由此培育中国人类学的新品格、新学格。

　　到 2010 年,我们的努力已经持续了八年。我们的海外民族志团队已经在泰国(龚浩群)、蒙古国(宝山)、马来西亚(康敏)、印度(吴晓黎)、澳大利亚(杨春宇)、法国(张金岭)、美国(李荣荣)、德国(周歆红)、中国香港地区(夏循祥)等的特定社区完成一年周期的人类学田野作业。多所兄弟院校的同仁也利用自己的机构优势和人才开展了多项海外民族志研究,如云南大学的何明教授所领导的泰国、缅甸、老挝的研究,中央民族大学王建民教授所领导的法国、新加坡的研究,厦门大学贺霆教授积极推动的西方社会的人类学研究。海外民族志的成果虽然很有限,与已经出版的关于中国社会的人类学著述相比完全不成比例,但是"海外民族志"作为标示中国人类学的新发展的一个范畴被学界所接受,却超比例地补全了中国学界关于人类学的观念。对于"人类学是做什么的",我们终于有了健全的体认。

正是在新的学科意识的酝酿中,我们开始对"世界人类学群"(world anthropologies)的概念感兴趣。我在 2010 年春季请赖立里博士、龚浩群博士和张金岭博士等人组织相关主题的读书会,并以他们为主进行筹备,在 2010 年 6 月 20—21 日之间联合王建民教授、何明教授、麻国庆教授和张江华教授主办了"中国人类学的田野作业与学科规范——我们如何参与形塑世界人类学大局"工作坊。①在此期间,组织者还邀请著名人类学家乔治·马库斯(George Marcus)教授、冯珠娣(Judith Farquhar)教授做了学术讲座,其间邀请景军教授、赖立里博士和郭金华博士承担了现场翻译的任务。

本次工作坊作为"纪念费孝通先生百年诞辰系列学术活动"中的一项内容,共有五十多位来自全国各高校和科研院所人类学专业的资深学者和青年学人与会并发言,并在"田野作业规范与人才培养""中国人类学学术伦理的提出与形成""世界人类学群中的中国人类学:定位、可能性与实现方式""中国人类学田野作业的现状与前景"四个议题中提出了自己的学术观点和主张。

作为工作坊的最后一项议程,人类学同行讨论了由高丙中起草的《关于中国人类学的基本陈述》(2010 年 6 月 21 日)。经过几届学生近三年断断续续的接力工作,我们终于把同仁的讨论意见整理出来,与基本陈述合并一起出版,希望不要因为我们的拖沓而埋没了大家的真知灼见和宝贵的共识。我们也希望今后不断有新的版本通过类似的工作坊产生出来,成为学科积累的见证,成为学科再出发的台阶。因此,我们姑且把这个版本称为"关于中国人类学的基本陈述"1.0 版。

2010 年 6 月 21 日,这个日子本来对我们的话题并没有什么特殊的意义。我们并不是在这天才谈中国人类学的定位问题。实际上,从 2002 年我和龚浩群商量她的博士论文选题和田野作业地点的时候,我们就已经为自己心中的中国人类学知识生产方式确认了一个不同于既定路径的方向:到海外社会去,做规范的民族志。

去研究海外社会,并不是买张车票就起身前往那么简单。中国人从来就在

① 此次工作坊以及本书的出版得到北京大学社会学系的资助,感谢社会学系谢立中主任、朱晓阳副主任、刘爱玉副主任和吴宝科、张庆东、查晶等领导的热心支持。

往国外流动,从徐福东渡,张骞出西域,玄奘西天取经,鉴真和尚赴日,郑和下西洋,到近世的使节、商人、学人和工人、农民的大量出国,大家怀着各种目的,无论是出去了又回来了,还是出去了不再回来了,就是没有一种人是出国调查他人社会的。其间一些外交使节根据工作经历和游历撰写了"日记""游草""述奇""环游记"(如岳麓书社出版的"走向世界丛书"所列),一些学者出版了国外观感的随笔、杂文(如梁启超《欧游心影录》、朱自清《欧游杂记》、费孝通《初访美国》和《重访英伦》),但是他们并不是在做符合学科规范的调查研究。即使是新中国成立前的留学潮和改革开放后的留学潮出去的大量学人也大都是在国外读书,带回知识,一般都不在国外社会进行田野作业。其间屈指可数的几个人在求学的国家做了人类学的民族志研究,但是他们做的是美国人类学或法国人类学的国内研究,并不是中国人类学的海外研究。①

海外民族志的研究不是难在买票出国,而是难在存心做国外社会的调查研究。对于中国学界来说,海外民族志不是一个知识难题(因为人类学在欧洲创立的本意就是到国外做异文化的实地调查研究),而是一个实践难题。它难就难在需要对异域社会有足够强烈的兴趣,这种兴趣能够强烈到足以压倒对陌生社会的无数不确定性的恐惧,足以支撑一个人独自长期生活在异族、异文化之中。

做规范的民族志,是一项十分严肃的承诺。民族志是指基于参与观察的调查方法所产生的研究成果的文本形式。对于各种不同目的的研究者,它本身是具有多种自由度的。但是对于人类学的职业训练来说,它对培育人类学的新人具有一套颇为严格的规范:从外在指标来说,攻读社会文化人类学的博士学位起码需要做一年的田野作业,必须能够使用调查对象的语言;从内在规范来说,学生要学会如何遵守人类学的伦理法典或伦理纲领。

进行一年的田野作业,并且使用当地人的语言,这两个核心指标直到目前还没有成为国内各个高校相关专业的硬性规定。在过去二十多年里,多数博士生的学位论文都是以半年左右的田野作业为依据的;除了本族人做本族、本地人做

---

① 尽管如此,以中文为母语的学人在西方接受教育并在包括西方的海外做实地调查研究,他们的成果可以翻译成为中文,他们的知识和智慧也能够转化为中国学术的一个部分。例如,乐梅博士在美国攻读人类学博士学位,研究的是纽约州某社区的中产家庭妇女如何传承女红。十多年过去了,她的论文在国内无人关注。但是,她于 2012 年夏天在北京大学"美国社会的民族志研究工作坊"介绍她的研究经验和成果,获得 20 位准备到美国做实地调查的青年学人的热烈反响。贺霆是在法国以中医的传播为题完成博士论文的。他回国后在大学任教,现在主持中医西传博物馆的筹备,在法国的研究成为基础。我相信,乐梅博士和贺霆博士在国外的研究已经由此转为对中国人类学的贡献。

本地的研究(所谓家乡人类学),多数跨民族的研究者是不会讲被研究民族的语言的。田野作业的时间要求和语言要求既是技术问题、工具问题,也是方法论问题、学术伦理的问题。对于特定的议题来说,也许在三五个月的时间里就能够搜集到完成论文的直接资料;也许借助翻译或者利用少数民族群众会一些汉语的便利,不学民族语言也能够获得基本的信息。但是,一年周期和本地语言既是要保证获得完整、准确的资料,更是基于一种深具人文情怀的知识观:人类学是人研究人的学术,而田野作业是落实这种本质上代表文化对话的人际关系的操作过程,所以必须基于人与人的互信与理解。较长的时间代表一种较强的诚意。学习对方的语言,在对方社会中当一名学生,是另一种诚意。即使从"科学"的立场来说,通过对方的语言才更方便进入对方的意义世界、情感世界,也就能够获得更准确的信息。简而言之,田野作业的要义不是用最经济的方法获得资料,而是用最人性的诚意达成人与人的理解,然后才可能有值得当地人、读者信赖的学术。

人类学的田野作业早已不被类比于科学技术的实验室,而是跨文化的人际沟通,那么,遵守特定的伦理就成为人类学家群体必须做出的集体承诺。人类学的田野作业是非常个人化的,通常都是独自一人远赴异域,在异族中进行。中国人类学者关于伦理问题一直没有成为这个知识群体的集体意识,这是可以理解的。但是,现在中国学人也越来越多地走出国门,走进世界,如果他们不自己约束自己,如果他们不是在一个知识共同体内互相约束,他们显然难以取信于他人,难以取信于读者。

当我们谈论"定位"时,必然是在谈论已经存在之物。一物之存在,必然处于具体的时空之中,也就是已有一定之位。我们在此评说中国人类学的定位,实际上是指重新定位。

中国人类学处于自身的社会历史之中,也处于自身的学术生态之中。它当然已经有一个既定的位置。中国人类学由蔡元培、吴文藻、凌纯声、费孝通、林耀华、李安宅、许烺光等前辈所开创,建立的范式是现代精英研究传统社群、主流阶级研究边缘人群的国内亚型。作为学科的人类学是宗主国研究殖民地,也就是现代西方社会研究传统的亚非拉社会的学问。与此相应,在中国的现代之初,从古老的国家走出去接受西方现代教育而成为知识精英的那些学人把西方人类学从上看下的审视模式移植进来,但是改变了他们从内看外的对象选择,发展为一门内部调查、内部启蒙的特殊学问。虽然 1950 年以后的政治运动曾经否定人类学的价值、剥夺人类学的学科地位,但是 1978 年以后它又在"科学的春天"重新谋得学科之林的一席之地。

过去二十多年是中国人类学最好的发展时期:(1)全国的主要高校大都开设了人类学的课程,有了人类学的教学、科研团队,众多院校还有了专门的系所,中国社会科学院民族学所也更名为"民族学与人类学所",中央民族大学也是民族学与人类学并举。(2)社会文化人类学成为大社会学下的二级学科,成为招收博士生的专业,从而在中国的教育体制和科研体制里得到一席之地。(3)中国人类学、民族学界 2009 年在昆明成功主办国际人类学民族学联合会第十六届世界大会,向世界同行展现了自己的人才、成果和社会影响。(4)人类学的田野作业在对象上发展到多个海外社会,在规范上对当地人语言和调查时间的重视达到了空前的水平。仅以北京大学人类学专业为例,在 2010 年以前的积累之外,最近三年又开拓了俄罗斯研究(马强)、巴西研究(章邵增)、美国研究(高丙中、龚浩群、高卉、梁文静、彭祎飞、向星、韩成艳、佟春霞、张猷猷)、日本研究(姚新华)、东耶路撒冷研究(赵萱,这既是阿拉伯研究也是以色列研究,因为在国际法上这里是联合国托管地,是阿拉伯人和犹太人共居的地区)。此外,我们还开展了台湾研究(林幸颖)和香港研究(夏循祥)。从 2012 年夏天开始,北京大学社会学人类学研究所、中央民族大学世界民族学人类学研究中心、中山大学人类学系、云南大学民族研究院、浙江大学人类学研究所、上海大学社会学系、中国人民大学人类学研究所等机构先后合作,主办海外民族志工作坊,预计能够培训 150 名学员,其中相当一部分是有志进行规范的田野作业的博士研究生和青年教师。

目前,中国人类学的学术语言、田野作业工作语言的国际化已经颇为可观,英语、法语、德语、葡萄牙语、俄语、阿拉伯语、日语、泰语、马来语、马拉雅拉姆语、越南语、老挝语、印地语、斯瓦希里语、希伯来语……越来越多地为中国同行所掌握。这些语言联结的是它们所代表的人民,通过其人民,中国人类学界联结上它们所代表的学术群体,中国人类学由此成为贯通世界不同社会与文化的有生力量,成为世界人类学群之中的与其他由国家或语言划分的人类学相互交织的知识网络。一个世界人类学群之中的中国人类学能够更好地为一个新生的中国社会科学发挥重塑活动空间、重塑世界联系的巨大作用。

中国的社会在转型,作为其内在一部分的中国诸社会科学自然也要转型,中国的人类学也必然要转型。中国的转型是全方位的,不仅发生在国内,而且发生在国际,最突出地表现为从与国际主流社会相隔绝的历史转变为全面地与世界接轨的现实。中国的学术转型不仅体现在学术的整体结构之中,而且体现在各学科自身的定位之中。

本次工作坊的宗旨是在世界人类学群的概念中寻找表达中国人类学的学科自觉的方式,通过树立和完善自己的学术方法与学科规范,认知中国人类学在当下的国际人类学界的位置,明确自身在中国社会科学界的学科定位。

置身于自己所处的时代,而不是与时代格格不入;置身于自己所处的世界,而不是画地为牢、在家门口耍把式。作为世界诸人类学中的一员而贡献于世界诸人类学,参与造就世界人类学(the world anthropology);作为中国诸学科的一员而贡献于中国诸学科,参与造就属于这个时代、属于这个世界的中国社会科学。显然,这份担当是当前的中国人类学尚不胜任的。我们今天除了忙乎自己的学业,还要有一份公心,一份学科自觉的集体意识,共同勉力而为,健全中国人类学的"学格"或集体人格,再经过一代人的努力,促成一门同时在世界人类学群和中国社会科学之中可以识别为"中国人类学"的学科。

高丙中

2013 年 5 月 8 日

第一编

关于中国人类学的基本陈述

高丙中 等*

一、新的世界正在形成中,新的世界人类学也在形成中,中国人类学应在其中扮演一个积极的角色,既为人类学也为人类福祉做出应有的贡献。

【会议讨论评注】

吕俊彪

这个"基本陈述"是不是可以改成"基本共识"呢? 我觉得这是保证中国人类学这个共同体建构的一个设想,能够让我们感到还有一个家这样的地方,而且这个家还在不断的生成当中。

高丙中

确确实实,我们今天在中国再谈人类学的腔调和心态,跟十年前、二十年前明显是不一样的,因为这个世界在变,中国在世界的位置也在变,这门学术跟这个世界社会的关系、跟世界学术的关系都在变。

* 这里的"基本陈述"由高丙中起草,并在会议筹备组进行过讨论,龚浩群、赖立里等提供了修改意见。讨论会上,诸多同仁提出了宝贵的建议,这里一并呈现出来,与关心中国人类学发展的同行一起分享。因此,本文的署名还应包括翁乃群、周星、张海洋、罗红光、邵京、纳日碧力戈、王建民、徐平、麻国庆、陈进国、刘正爱、刘谦、张金岭、康敏、杨春宇、李立、谭同学、吕俊彪、冯姝娣、陆泰来等。本文由赵萱、龚浩群负责整理,特此致谢。整理稿没有经过发言人审阅,特此说明。

纳日碧力戈

这个语句应该修一下,"新的世界正在形成中",它永远都在形成中,这也就是我们所说的过程人类学。

评论

这个"积极的角色"的表述我不知道应该怎么表达比较好,是不是应该打个引号?

刘正爱

"新的世界人类学正在形成",那么有新的就必定还有旧的,能不能改一下这个表述。

二、世界人类学是全世界相应知识群体的专业积累,其中,中国学人的百年贡献应该得到充分的认知。中国人类学是世界人类学群的一个宝贵的部分,充分认识到这一点,对世界人类学当前的活力和发展的前景至关重要。

徐平

"世界人类学是全世界相应知识群体的专业积累"这个说法有点问题,因为人类学并不能涵盖所有的科学,意思我能懂,但是这个还需要更严谨的措辞。

我最大的问题在于"中国学人的百年贡献应该得到充分的认知",不仅是认知,我们不要高人一等,但是也不要低人一等,我们好像哀求得到别人的认知,没有必要,我们本来就是世界人类学的重要的部分。

王建民

"世界人类学是全世界相应知识群体的专业积累"这个我觉得改成"全世界人类学者的专业积累",另外,"中国学人的百年贡献应该得到充分的认知"这一点也可以直接改成一个肯定的陈述,不需要用承认这样的表述。

三、中国人类学是中华民族的现代化事业的有机部分,也是中国历史与文化的内在部分。自 1997 年以来,它被认知到是中华民族文化自觉的一种知识生产方式。① 为此,中国人类学本身需要经历学术自觉的过程。

纳日碧力戈

这个中华民族,我想还是避免民族话语,尽管中华民族一般来讲没什么问题,但是也还是会有一些争论,也涉及我自己一直在参与的争论的问题,以国度论比较适合。

麻国庆

中华民族这个概念,我觉得这个概念其实是应该保留的,因为目前中国人类学能在整个国家的制度框架里面讨论问题,来被认可,就是因为它跟民族这个东西的存在有着直接的感情。主要是这个目标、定位确定了就行了。

刘谦

"中国人类学本身需要完成学术自觉的过程",既然是一个过程,它就不会有完结的那一天,所以只是需要我们保持一种关注。

王建民

可以把"自 2000 年以来"前面的部分删掉,直接说"中国人类学被视为中国知识分子和中国人类学学者文化自觉的一种知识生产方式",因为现在我们讲中国人类学,其实有一个问题是,

---

① 从 1997 年初开始,费孝通先生在多篇文章里论述了"文化自觉"的命题,如《反思·对话·文化自觉》《人文价值再思考》,分别见费孝通:《论人类学与文化自觉》,华夏出版社 2004 年版,第 176—189 页,第 198—213 页。——编者注

四、知识生产对于它所处的社群应该具有必要的公共价值，人类学的知识生产涉及多种利益不尽相同的社群，因此，我们在人类学知识的生产与传播过程中应该尽可能地兼顾不同社群的公共价值之间的平衡。

五、我们尊重个体生命和社群文化的尊严。人类学是认识和理解人的学术，帮助个人理解自己的社群及文化，尊重多元文化，传播平等理念，反对各种文化的或种族的歧视，在社群之间扮演沟通者的角色。中国人类学将同时在国内和国际社会发挥这种作用。

我们讲的是 China Anthropology 还是 Chinese Scholars' Anthropology，实际上这个是不一样的概念。既然我们说中国人类学，那就是做中国人类学都应该做的，包括做中国人类学研究的外国的同行也应该提出要求，这是我们的一个场域，这也是我们作为一个主体应该提出的要求。

高丙中

用怎么样的措辞来表达人类学对不同的群体有用呢？不同的"用"之间有时候是有矛盾的，有时候我们侧重了一个方面，而忽略了另外一个方面可能产生的关联。比如事发在泰国，有人代表泰国国家采取的立场可能会对一些民族、弱势群体不利。所以呢，希望在这几种公共价值或利益之间保持一种平衡。

徐平

社群共同体的公共性，这个不是很好理解，并且应该尽可能建构不同公共性之间的匹配，虽然刚才你自己做过解释，但是我觉得还是不通畅。

高丙中

中国社会对西方社会、对非洲社会都有成见，就像我们也老指责西方社会对我们有成见，但是我们也在中间通过这种知识生产的方式，相应的改变这种观念或者关系。

六、人类学从业者必须遵守相应的学术伦理。人类学者深入他人的社会与日常生活之中从事学术活动，必然影响他人的生活。为此，人类学者必须自我约束，人类学界必须共同坚守自己的职业伦理。作为职业活动，人类学者在田野作业中收集资料时，(1)尊重相关人士的人格、隐私；(2)尊重相关人士的知识产权；(3)不以自己工作的所谓积极的价值为借口伤害作为研究对象的个人、社群；(4)不利用自己的信息优势或社会关系优势损害自己的调查研究所涉及的个人、社群；(5)慎重对待不可替代、不可复制的实物资料；(6)不破坏同行后续调查研究的条件。

周星

对于反歧视，应该多说几句。首先要做到不歧视、不制造歧视，然后才是旗帜鲜明地反歧视。

谭同学

我觉得不管从学科的角度还是从市场营销的角度来讲，也许都应该加上一句，促进不同文化群体的交流与和谐相处。

高丙中

我觉得这是中国的社会科学的一个通病，就是为了一个国家利益，为了一个大的群体的利益，让小群体或者一部分人付出代价，并且认为是正当的。长期以来我们的学生里面都有这样的倾向，那你觉得你的学术追求或者目的是正当的，然后你就自认为对其他人造成即使很负面的影响也是有正当性的。我觉得我们要改变这样一个现实。

评论①

最后一个，"不破坏同行后续调查研究的条件"，看起来不是很明确。

王建民

"个人、社群"改成"个人和社群"读起来更好一些。那我们也提到对象

---

① 因为本次工作坊参会人数较多，我们在后期的录音整理中无法确定一些发言人的身份，就用"评论"表示。下同。——编者注

七、人类学者的调查研究过程和方法的使用要经得住检验，并且值得人尊重。为此，作为学术活动者，人类学者（尤其是攻读人类学博士学位的民族志研究者）要：（1）尽可能地学习被研究对象的语言；（2）尽可能地与作为被研究对象的人群友好相处，并尽可能入乡随俗地生活在其间；（3）尽可能地在当地生活足够长的时间，最起码生活一个从当地角度来看的完整周期；（4）尽可能地全面搜集资料，并有义务在研究成果中使用这些资料时避免断章取义，恰当处理不支持自己观点的资料。

的问题，是不是要用对象这个词汇，还是使用所调查和研究的文化的实践者，是不是会更好一点。

另外，我们中国人类学面对着各种各样的指责，我认为应该在后面加上杜绝抄袭和剽窃等违反学术伦理的现象，保证田野民族志资料和研究的原创性和注引规范性，这一点应该要强调一下。最后还要加上，促进学术机构和学者之间的谅解与合作。

翁乃群

"尽可能友好相处"这些东西我看有些地方倒没有必要，因为他如果是相处不了那就是田野志也做不了，但是在做田野的时候，大多数，多多少少都会有冲撞，因为这里头有误解，有各种各样的因素，你怎么样去认识自己，去修正自己的研究方法，所以这些东西，我想，如果他做不到这些的话，那他是没有希望去做田野志的。

康敏

在字面上我有一个建议，就是首先提出人类学的使命是什么，再说谁在做，怎么做，这样来做详细的表述。

评论

我认为，在结构上应该分为三个部分，一个是在谈使命和学术目标，第二个，我认为应该把第七条往前移，放到第二的位置,来强调田野工作是达到这个目标最重要的方法和手段,一个基本的田野调查应该遵守如下的要求,之后再谈我们要遵守的伦理是什么,分成这样的三个层次。前面的部分是学术的使命,然后是基本的方法和途径——即田野工作,以及田野所必须遵照的学科伦理和规范。就是做什么、为什么做、怎么做。

评论

最后一条这个要让人尊重,也不是很清楚。

刘谦

"尽可能地全面搜集资料,并有义务在研究成果中使用这些资料时避免断章取义,恰当处理不支持自己观点的资料",在这里,我们是不是应该直接提出来,对不能支持自己观点的材料进行必要的讨论,因为所有人在田野中必定能够找到不支持自己观点的材料的。

杨春宇

"尽可能地全面搜集资料,并有义务在研究成果中使用这些资料时避免断章取义",这个我觉得可以把它分开,一个是倡导,一个是告诫。

【讨论】

张海洋

　　高丙中教授他要做一种倡导,大概就是关于我们这个学科,学人自己对这个学术文化的一种文化自觉,表示出我们对一些责任的担当。我们除了从事研究,我们还希望有所传承,那么在传承的过程当中,我们对于同行、学生,还有学术前辈,以及我们的研究对象或者说主体,都承担着相当的责任。那么今天我们先请高丙中教授来陈述他自己对人类学伦理的基本的设想。我觉得高丙中教授他提出这个倡导应该是非常的及时,因为现在,总的说,像奥巴马当年竞选总统的时候说的那个词叫"change",中国的发展方式呢也面临着变革,发展方式变革里面有知识生产的本身的一些前提,包括主体认识到的这个环境的变革,也有关于我们的主流社会、边缘群体、对象、对方、他者之间的关系的变革。我觉得如果不经过这个变革,我们就不能形成一个可持续的、可以让大家公平博弈的那种发展。所以,我理解呢,高丙中教授是想制定一些让这个游戏可持续的游戏规则,我本人对这个比较悲观,但是总的来说,有一个规则总比没有规则要好。

　　人类学号称整体论(holism)和相对主义(relativism),它强调这两个东西,那么整体是一个非常难把握的东西,我觉得最终你要说整体,要不就是道德,要不就是神圣,否则的话我们实在是没有办法呈现这个整体。我们的生活实在是如此短暂,我们的认识能力是如此有局限性,那么最终要靠的还是一种道德觉悟,一种自觉和自律。那么高丙中老师今天启动的,也算是一种自觉和自律的培训,大家一起来参与,从而每个人都受到一些陶冶。

　　第二点,中国真的是缺一场启蒙心态的、后现代的反思,我觉得思想解放也是一种建设,虽然后现代是一个非常敏感的事,德国反思,俄国反思,结果它们两个国家杀的人比谁都多。在欧亚大陆上,中国和印度对这个事没有做出太多的反应。但是我们虽然是 physically 杀人不多,那在文化上呢? 这个反思非常重要。

　　第三点,我们在做这个伦理道德的时候,中国有它比较大的独特性,中国确实是有很多的文化,它都有本土,或者说土著性。土著性这一点,大家思考一下,就是关于"家园"这个概念,高老师他刚才说不要拿走,不要离开那个 context(情境),实际上我觉得人有家园,文化特质的表征的东西也有家园。就是说,首先你一个外人进入别人的家园,你怎么样接受别人的规矩,就算这一辈的年轻人愿意跟你合作，但是以后后果如何呢，这些个事情我们大概也得为人家考虑。这样的话，首先来说人类学研究，包括你从里面取来的一些文物、陈述，还是放在那个context底下，能不离走就不离走，能不拔根就不要给人拔根，不要搞成"中国移动"。我觉得家园这个概念一定要树起来，因为有家园就有神圣，就有规矩，如果没有家园的话大家就不知道怎么对待对方。当然这里有中国文化表达的困境，有汉语表达的困境，那对象这个词，不管怎么表述，人家用 subject，我们弄成 object，就把他者、对方给客体化了，这也是一种难处，怎么样把公平意识反映出来。

最后，我们还是要有一个法则，而不只是一个倡议书，如果它不好好做的话大家就不要做了。

罗红光

首先我觉得这个倡议是非常好的。我觉得今天讨论的问题呢，一个就是我们在当今的这个田野变化中，如何来把握人类学在方法和方法论上的变化，因为田野本身也在变化中。我自己因为给社科院研究生写教材，有一个困惑。同样是人类学家，进入田野以后，你就会发现同样的事情一个人会感悟，另一个人呢却不感悟，他没感觉。那么一个人对于他者的生活的这种感悟和他自己的生活背景也是有联系的，那么就会出现一个问题，在方法上会出现不同，那么我们要把这个方法变成一个普适的，哪怕在中国普适的方法就有一定的难度。打个比方，我想知道这家人的审美观念究竟什么样，我给他照相，我说："你们照全家相怎么样？"那他们很乐意了，我说背景你们选，多数情况下人家说"你懂照相，你给我们选背景"。把这个让给我们做，我这个时候就拒绝，我说你们选，你们摆位置，因为那个座位是有文化的，那个背景当然也有文化，他们选背景，他们选谁坐前面，谁坐后面。实际上对于我来说这是在调查，虽然不是用访谈这样的方法。这个我觉得会对我们的方法的规范提出一些问题。我当时在写这本书的时候也思考过这个问题，我的做法就是功能主义的方法，结构主义的方法。

我也认为伦理的问题是重要的。我上次做了一个实践，在全国有十六个点，我在这些点做了一个公共服务。我在这十六个点分了四个范畴，分别是教育、环保、卫生——卫生主要是疾病，然后是孤寡老人。我派了学生到这十六个点去，让他们写日志，提出问题，但是要让他们思考，你提的问题是什么社会问题。他们社会学的要派调研员，要经过一周的培训，要做什么，这个问卷怎么给我收回来，但是人类学不这么做。我们虽然派人，但他们不是我们的代言人，也不是我们的调研员,他们就是他们,所以我们几个做培训的时候强调,你就做好自己的,你不是雷锋,把你们派下去呢你就做你的公共服务,你也就写你自己,不要写别人,就变成了理解之理解,就写自己。那么这个是作为我们的民族志的一个实验。但这里面同样有一个问题,就是伦理问题。他们在服务的时候,出现一个很大的张力,就是他们总是自觉不自觉地认为自己是雷锋,是来做贡献的,结果做的时候和当地的服务机构就有张力,人家也是做了多少年的成功的组织。这就是我说为什么有伦理的问题,因为雷锋不可能证明自己的正确,不可能证明自己的道德优越性,那么我们通过我们的这种做法呢,我认为这种道德的合理性就得到检验了,通过这种伦理的张力我们检验出来了,否则你没办法证明雷锋为什么是正确的。

还有一个就是,他们回来了以后,我们只能做一个评议人的角色,因为那么多照片,那么多记录,里面有他们的喜怒哀乐,他不是脱俗的那种,所以他会表达出他在当地的伦理上的、价值上的态度。我们这个书马上就要出版了,叫《16 位志愿者的 180 天》。出版社认为他们的风格都不一样,不一样就对了,要一样就变成科学家的观察了。

我认为关于伦理问题的讨论是需要的,但是现在我们面临一个新的伦理问题就是,在互为他者的情况下,这个伦理问题不是简单的二元了。

翁乃群

这个提议,这个初衷还是很有意思的。我总是觉得,这个学科的研究跟其他的社会科学在方法上还是有一些不一样,所以需要重新做一些倡导性的东西。实际上我们参与人类学的知识生产,在这个知识生产的过程中就有一个学术自觉的东西,我在所里提这个东西经常是联系到费先生的"文化自觉"的启发,我就不是仅仅从人类学的角度来考虑,因为我们经常讨论现在学术上出现的一些问题,那么我的考虑更多的是怎么让我们的学术对世界能够有更多的贡献,很重要的就是我们要创造一种学术生产的某种意义上的规范,大概地遵循一些伦理道德,在程序上也要有进一步的规范。按照费先生的说法,他认为这个方法本身就是知识生产的一部分。如果我们承认知识是一个集体的产物,那么它有两个层面的东西,从纵向来说,它有继承性,有积累;从横向来说,它就是要互相碰撞,互相交流,那么这个实际上是建立我们学术伦理道德的一个很重要的方面。它不是单单个人的,那么作为人类学,实际上要通过我们跟我们的研究对象的互动来完成,这些都可以在这个表述里达到。

另外一个我还要谈的是,seminar(研讨班)这种形式实际上在欧美已经形成一种生产程序,而我们现在出现的很多问题是,我们的学术传统,实际上我们在回想孔子的《论语》的时候,你可以看到,它也是互动的学术,而我们现在的知识生产中这种交流往往是很不足的。

徐平

"关于中国人类学的一些基本陈述",陈述也行,对象是谁?自说自话?自己跟自己玩?是对中国人民,还是世界人民,还是世界同行?我们陈述的对象都不清楚,那我们陈述的内容就没法清楚。

行业自律的话,那就是我们定行规,所以我觉得这一点大家要明确,我们究竟陈述给谁听?为什么要陈述?然后才说陈述什么东西。这个主题我觉得大家还要好好想一想。

行规呢,这个行业自律性的东西,我觉得更多的还是我们人类学的一个宣言,我们干什么,我们怎么干。干什么和怎么干就已经包括两个部分的内容了,如果更明确一点,我们就可以引得更深。

至于以后这个行规的话我觉得不是太严,而是太松。第一个,绝不允许伤害当地人民,第二个就是同吃同住同劳动。

麻国庆

现在中国的社会科学有这么多的问题,实际上都是我们这个行规,或自律性的东西没有定出来,所以从这个意义上来说,中国人类学到今天确实需要一个行规。那么这个行规呢,我们是要订立一个全球人类学的知识的目标点,还是订立我们中国人类学的一个问题意识点,因为这里面必须考虑一个问题,我们不能自我地疏远自己。包括每年教育部要出一个国外社会科学的白皮书,一看我们进了民族学,我后来就跟教育部的一个司长说,你要用民族学来说国外的学术,根本找不出几个,大多数国家没有民族学这个概念;那在我们中国,它是一个相反的概念,在中国,民族学又是一个一级学科,而人类学变成了二级学科,我们就感觉不舒服。包括我们中山大学也是叫社会学与人类学学院,我对这整个的学科体制是非常愤怒的,这个体制的安排,实际上是把人类学这个学科,在中国的官方语境里面不断抹杀掉。这样的话,在这个讨论里面,因为在 1998 年之前,所有的目录里面都是文化人类学或民族学,在国内有这么一个特殊语境,所以就是说,这里面以什么样的方式来讨论这个问题,我觉得这个比别的问题还要更加重要。

陈进国

有些概念我觉得还是要加一些注释,比如说中国、中华民族等等。另外还有谈到的文化自觉、学术自觉、知识生产,那么人类学家的工作只是一个知识生产,还是文化的、思想的? 这个是不是还可以斟酌一下。还有呢,这两天大家都在谈文化的互动,对于研究者和被研究者的文化的互动,以及对文化多样性的尊重,可能都还需要注意。

康敏

一个是我觉得提出这样的倡议是非常必要的,我非常同意刚才徐平教授的说法,就是这是一个宣言,是一个目标,是我们努力的方向,而不是一个现实,所以这个文字化的东西我们应该不要太实际,我们应该用这样的宣言把更多的人,把更多的群体包纳进来。比如说我们说中国人类学,那我们要不要考虑到中科院古人类与古脊椎动物研究所里面搞人类学的这个群体,所以我们(的界定)应该泛一些。

第二个,我觉得这里面逻辑上还是应该分得更清楚一点,从逻辑上需要再思考,让它整体结构更清晰。还有最后一个我觉得像这个比较具体的不要落在上面。

评论

我想呢,如果我们中国人类学能够放在世界人类学里面来提,实际上我们从费老或者林先生的调查开始,它是一种家乡人类学研究的开创,那么这在西方基本上是在二战以后(才发展起来的),(当时)很多人因为都是殖民主义者,被赶回白人地区。那么这些东西的思考和总结可能是我们在世界人类学里面有贡献的。

另外一个,人类学作为学术研究,它就有一个有用无用的问题,你对他者的这个研究它有用吗,这个很难讲,你在做这个东西的时候,你就不能想它有用没用,但是你研究出来的时候,他有可能会有用。所以我们现在说有用没用,它也是文化方面的一种延续,中国的很多东西它就是有这个实用的方面。你说植物分类,我们中国也不是没有分类啊,《本草纲目》也是一种分类,但它是一种药用的分类,它的标准就不一样。首先你要看到它是一种学术,那你就并不一定是要它有用,或者是去演绎一种理论,更重要的是说从我们这种实践的东西里面能够归纳出什么东西,或者说你能够提出什么理论的问题,能够有所贡献。

对于这个文本,我觉得是要提出公共性,那你是针对什么提问题,这个公共性你是沿着什么来表达。你比如说,我们现在这个民族所的研究,你要写一篇人类学的文章,编辑他就会看一下,因为人类学的研究它是以主体民族研究为主的,跟所谓的民族学是有一些差别的,那你看西方的学者来做(中国)研究大多数都是研究汉族的,很少有人跑到少数民族地区。刚才有人说人类学和民族学是一体的,我觉得其实还是有边界的,因为我们中国民族学的界定是以(少数)民族为对象的研究,所以还是有差别的。

你提到这些伦理性的东西,其实任何一个老师让学生做田野他都是有一个交待的,但是这个度是多少。在我们人类学历史上大家也可以看到很多事情,有些你去走近,去收集的时候就会涉及人家的隐私,所以你当然要去保护人家。有的时候,我的这个主体,我研究得越深厚,了解得越多的时候,我一般就不说话了,因为我跟他有了一个认同。所以你开出一个自我的自律性的东西,有几条基本的东西,这个讲一讲就可以了。

邵京

今天这个是一个基本陈述,也是第一次的陈述,所以我们没有必要有一个细致的描述,而是要一个基本的框架,但也要有实的部分,又飘又实比较好,这样我们可以有进一步的修正。

评论

我们在这里讨论的人类学的伦理规范我觉得是比较片面的,它一直在谈的是田野作业生产中所应该遵循的学术伦理,它忽略了民族志产生之后它的消费所造成的社会意义,在这个角度上我们也应该予以观照,把它也提升到人类学学科伦理的层面,对我们今后的学科发展是会有意义的。

陆泰来

我个人的认识是,这个东西如果说是中国人类学,那么里面的"中国"表现在哪里,如果你是世界人类学的一个分部,那可以这样做,但是如果是中国人类学,我们还要考虑怎样面对中国的问题,这些都是人类学日常工作的一部分。

李立

这个文本作为一个基本的陈述,必须保持很大的开放性和包容性,如果一个文本是完全封闭的话,就很难把每个人的观点和想法包容进来。

冯珠娣(Judith Farquhar)

At first, when I heard they are talking about 人类学的规范, I'm very interested. It's a necessary path. Today you are also talking a lot about professional ethics. It's very important. But it's also needed to talk about strategy. It's important to make anthropology more public, so I want to urge you one thing that is not talked much here. That is to talk about the media world-how is the media world constructed, and how is it changed in China? In China, we have lots of documentaries shown on TV, about ShaoShuMinZu, and about different culture in China, and others. This technology could be much more intelligent. It could be much deeper. Anthropology can make it better. And anthropology could be more popular and become a public project in any country.

(首先,当我听说要谈论人类学的规范,我非常感兴趣。这是一条必经之路。今天你们也谈到了很多职业伦理,这非常重要,但是也需要谈论策略。其中重要的一点是让人类学更具公共性,因此我想提醒你们注意到一点——媒体世界,媒体世界怎样被建构,在中国它如何变化? 在中国,我们有大量关于少数民族和中国不同文化的纪录片出现在电视节目中,随着科技越来越发达,这些节目会越来越有深度。人类学可以做得更好,在任何国家人类学都可能成为更受欢迎的公共事业。)

张金岭

这个文本中提到了多样化的问题,包括多元的群体和文化,所以我认为应该也加上对平等问题的讨论。

评论

在后面的部分,应该更强调田野伦理,因为学术伦理放到任何一个学科都是可以讨论的,但作为人类学,我们应该更加关注的是田野中的伦理规范。

高丙中

我们这个讨论,实际上是为下一代的学者,为他们再去做研究、带学生提供一些积累,主要是这样一个出发点。所以,除了资深的同仁,我们也邀请了很多年轻的学者,我们就是为他们下次的讨论提供一些预备或预期。

第二编

田野作业规范与人才培养

人类学的社会相关性
——景军教授访谈录

龚浩群 马 强 整理[*]

龚浩群(下文简称"龚"):6月20日即将召开"中国人类学的田野作业与学科规范"工作坊,其中有一个重要的议题,就是中国人类学的定位。这包含两个方面的问题:一是中国人类学在世界人类学中的定位,二是中国人类学在中国社会科学界的定位。景老师确定的会议发言主题是"人类学的相关性",或者说"人类学的社会相关性",我觉得这其实是中国人类学在社会科学中所扮演的角色的一部分。您提出问题的角度很有意思。因为人类学的核心范畴就是社会,那么,您为什么要提出人类学的社会相关性?在这里社会相关性具体是指什么?

景军(下文简称"景"):我觉得人类学作为一门社会科学学科,不能够太装饰了,不应当是彻底的象牙塔里面的学科。我觉得,一部分人可以做象牙塔的工作,但人类学主张文化多样性,学科本身也要有多样性。学科的多样性之一就是要使得学科里的一部分成果具备社会相关性。因此,我今天第一个要讲的是相关性。第二个问题是在具备相关性的同时,人类学还应该有学科的独立性。第三个问题是学科的批判性。

第一个问题是相关性。我每年看到很多人类学博士论文和硕士论文,有时

* 2010年6月16日下午,在"中国人类学的田野作业与学科规范"会议前夕,清华大学社会学系景军教授在北京五道口"桥"咖啡厅接受了龚浩群和马强的采访。在两个多小时的谈话中,景军教授就中国人类学的社会相关性发表了看法。访谈记录由龚浩群和马强整理。龚浩群,北京大学人类学博士,现为中央民族大学世界民族学人类学研究中心副教授;马强,北京大学人类学博士,现为中国社会科学院俄罗斯东欧中亚研究所助理研究员。

挺感慨,不少学生选的题目很有社会敏感性,有文化的敏感性。比如我最近看到一篇关于乡村秩序的硕士论文。近年来,不少中国社会学家提到中国社会道德底线的崩溃及社会溃变。而这篇硕士论文提供了反证,研究的是山西的一个天主教村庄。这个社区从义和拳运动至今经历很多磨难,到1985年左右进入一个相对安定、个人相对自由的阶段。但是这个村庄的社会秩序没有走向个人主义泛滥的格局,而是形成了一个有机的共同体。这个共同体实际上在近八十多年的磨难中已经在地下存在,一旦有了相对自由的空间之后,共同体变得非常有序,有道德伦理的基础,而不是道德底线被突破的村庄,更不是一个溃败的村庄。我们看到的是一个人们比较团结,有礼貌、谦让的社区,一个试图走向共同富裕的社区。这给了我们一个有意思的反例。它告诉我们,文化秩序、道德观念和民间小传统,包括宗教传统,在社会巨变时对社区的人的行为、意识、态度有强烈的整合功能。所以我觉得这个研究有意义。因为我国一些学者对社会秩序做判断的时候,经常会出现一系列高屋建瓴的说法,往往比较片面,比较武断。在中国社会发生巨变的时候,的确有道德底线沦丧的问题,的确有社会溃败的现象。我们同时也应看到,血缘和地缘所能限定的地方文化对人们还是有规范作用。

那么,人类学的相关性是什么意思呢？简单说,人类学的个案研究对笼统的社会批判能够有所纠正。我们就耳边常常听到的社会批判,尤其是在媒体中出现的社会判断,可以提出很多问题。第一个问题是情况全是这样吗？第二个问题是有没有跟它不一样的情况？如果出现了不一样的个案,那么这个反例何以成立？更主要的是,上面提到的那个天主教社区研究向我们揭示,中国社会底层的一部分社区有自治能力,其成员有自律的能力。在我们的社会批判中,我们常常强调政府的责任,好像只要政府做好了,人民也就做好了。其实没有这么简单。一个有序的社会一定要有负责的公民。许多研究说要建立公民社会,但如果没有公民道德,公民社会难以建立。问题不仅在于公民社会受到政府限定,同时还有公民意识和公民道德机制的问题。这个个案帮助我们质疑一些宏大的社会判断。它体现了人类学研究之美哉。人类学研究发现的具体案例可以使我们质疑那些貌似带有普适性的结论。所以,人类学社会相关性的意义首先在于它的警示性,在于它可以使得我们的社会批判变得更为谨慎。

人类学相关性的第二个层面是人类学理念的运用。例如,在文化相对论的视角下,我们提倡不能以政治权力或经济实力作为判断一个文化或民族是否先进或落后的标准。文化相对论的核心是对文化差异的正视和对不同文化的尊重。目前,我国人类学家将这个理念较好地运用到了艾滋病问题的研究之中。我国艾滋病高发的省区包括云南、新疆、广西、河南、广东,四川的凉山地区,其中最严重的是云南。在云南艾滋病流行的第一波中,感染者中有70%属于边境少数民族,新疆的艾滋病累计报告病例中有80%的感染者是维吾尔族。在四川凉山地区的艾滋病流行中,首当其冲的也是少数民族,尤其是彝族。目前至少有四位人类学家对处于云南和四川的大小凉山艾滋病问题予以了有针对性的研究。例如,侯远高老师、张海洋老师和庄孔韶老师在凉山做的研究,都本着尊重少数民族文化传统的态度,仔细地审视了艾滋病在少数民族地区流行的社会、文化及经济因素。人类学家刘绍华女士在参与这类研究后发现,所谓艾滋病的凉山问题并非产生于凉山本地,而是发生在彝族外出打工的人群中。很多彝族男青年在20世纪90年代初期外出打工,遭遇了严重的城市适应问题,不但受到社会歧视,而且工作非常难找,所以一部分人采取了边缘生活方式。刘绍华的研究不仅仅描述了彝族男青年外出打工时遇到的种种困境,而且呈现了彝族的阳刚文化理念,即出门闯荡打工挣钱被当作男人本色的打造过程。但是在城市缺乏就业机会及生存受到排斥之际,一部分彝族男青年接受越轨的生存方式,这包括贩卖毒品和使用毒品。

很多人知道,彝族的家支力量很强,而且在在贩毒过程中起到一定作用。庄孔韶老师则从另外一个角度考察毒品与彝族家支的问题。他拍摄的人类学影片《虎日》记录了彝族民间仪式如何被运用到禁毒之中。我们从影片中可以看到,一个家支组织了几百人参与禁毒仪式。吸毒者对着神山和神灵发誓戒毒,同时声明如果发现贩毒人员将立即通知政府并把他们赶出去。在凉山,发誓是非常庄严的一件事情。发誓是要有结果的,如果做不到,那将意味着"死给"(即"自杀")或被家支除名驱除。对一个彝族男子汉来说,死给是挽救个人名誉和家庭声望的手段。如果没有勇气去死而是被除名驱赶离开家乡,那不仅是对个人名誉的损害,还是对家庭和家支名誉的损害。这也就是说,死更光荣,被驱赶更耻辱。

当庄老师的人类学影片在北京一个内部会议上放映时,引发了一场轩然大波。公共卫生专家认为这种民间戒毒方式有两个问题:第一个问题是利用了封建迷信,第二个问题是以死给作为代价的誓言。庄老师解释,死给的誓言必须放入虎日仪式文化背景之中考虑。在彝族传统中,虎日仪式是战争仪式,而当时地方政府正在发动一场以"人民战争"命名的全面禁毒运动。在这个仪式中,发誓戒毒的人们必须像要上战场的勇士一样恪守誓言。同时为了帮助这些人恪守誓言,该家支为每名戒毒者安排了保人,请出有威望的人监督并帮助吸毒者戒毒,形成了一个保人监督网络。庄老师坚持认定,这是一次用社区文化力量促进戒毒的行动。

我认为,庄老师的片子体现了人类学中一个最根本的理念,即文化多样性。我们国家常用的戒毒方式是将吸毒者监禁起来,在一段时间内切断毒品的可获得性,不能除掉吸毒者的"心瘾"。戒毒者往往离开监押场所后就立即开始复吸,复吸率高达95%以上。第二种方式是所谓"自愿"戒毒,即由家长或亲属把吸毒者送到强制戒毒所,在里面开出一个自愿戒毒的空间,施行自我监押。第三种戒毒方式是美沙酮替代疗法,属于一种基于生物医学的戒毒方法。美沙酮替代疗法针对注射吸毒者,不包括口吸,而且是用一种毒品替代另一种毒品的缓兵之计。前两个方式以监狱为核心,后一个以药物为基础。而庄老师记录的方式则是有草根社会基础和民族文化渊源的一种戒毒模式。虽然我国卫生官员和专家对由社区协助推动的戒毒模式并不以为然,但公安部门和地方政府在几年后则开始大规模地推动社会戒毒。

人类学的相关性还在于如何使用人类学的研究方法和发现看待全球化问题。我们所说的全球化包括理念和实践。例如,西方的心理学和精神科学对发展中国家有很大的影响,包括对诊断、治疗、护理等具体手段和标准的直接影响。在面对全球化的过程中,国际学科的经验、理论、发现以及貌似不容置疑的一些结论又意味着什么?这就要提到北京大学吴飞老师的研究了。他的自杀专著有两个版本,一是用英文发表的 *Suicide and Justice*,二是用中文发表的《浮生取义》。他所处理的问题很有意思,原因在于对盲目拿来主义的批判。在我们国家,妇女自杀率和农村自杀率出现了与国际上大多数国家不匹配的现象。世界上绝大多数国家都是男性自杀率比女性高,一般情况下城里人自杀率比农村要高。

吴飞到河北一个县城医院蹲点,对所有被送来的自杀案例进行追踪调查,一年下来做了49个案例。吴飞得出的结论是这些自杀与取义的关联非常紧密,所谓取义就是获得正义。而正义又是什么呢?通过案例分析,吴飞发现自杀事件与家庭正义有很大关系。比如父母对三个儿子的不同态度是一个家庭正义的问题,也就是我们常说的"一碗水是否端平"问题。妯娌之间,大家与小家之间,长辈与小辈之间都有家庭正义或家庭公平的问题。吴飞用了特别有意思的一个概念,叫做"过日子",就是说正义问题不仅发生在社会制度中或者组织机构里,还时时刻刻会在家庭生活里出现。吴飞把正义与公平的问题放在家庭层次去考虑,同时联系到自杀的问题,对于解释我国农村的自杀问题做出了精辟的分析。

我觉得吴飞的研究有两个特殊贡献。第一个贡献是把家庭放入社会政策的视野中。他的研究提醒我们,家庭纠纷的调节机制在我国非常欠缺,而老百姓常常说的鸡毛蒜皮之事往往可以死人。吴飞的研究还告诉我们,我国农村社区对家庭矛盾的解决能力特别低下,但实际上预防自杀并非很难,只要有调节和干预的机制就可以做到。吴飞的另一个贡献涉及学科理念国际化的问题。目前,对心理疾病的研究和干预有一个严重的美国化过程,越来越多的第三世界国家使用美国的心理疾病诊断标准。如果按照美国诊断方式,自杀者的90%以上患有精神疾病。但在吴飞的个案中,大部分自杀的人并没有精神疾病,而是苦闷,挣扎,冲动,家庭关系紧张、情绪激烈所导致的自杀。所以,吴飞在他的著作中不留情地批判了中国精神健康学科的美国化和拿来主义倾向。他提醒我们,在学术国际化的过程中,我们要警惕一些不符合中国社会现实的做法,起码我们要对文化差异变得非常敏感。最近山东大学的一项心理学研究证明了吴飞的部分判断。该研究发现,中国农村70%以上的自杀妇女是已婚的女性,死亡之前没有严重的精神疾病困扰,属于情绪性冲动自杀。

如果没有批判思维,人类学就会变为一门被驯服的学科。所以它的相关性与批判性有着一个共生共存的关系。在这个问题上,我觉得有两个蛮有意思的研究。一个是何群女士关于鄂伦春族生态环境的专著;另一个是麻国庆老师有关鄂伦春族的几篇文章,其中谈到鄂伦春人的酗酒与自杀问题。这两个人的研究都使我联想到我在哈佛大学上学时读到的一本人类学著作,即《毒比爱更浓》(*A Poison Stronger Than Love：The Destruction of an Ojibwa Community*),这本书涉及加拿大境内 Ojibwa 民族的悲惨经历。这个民族原来是一个采集渔猎民族,特别像生活在松花江下游的赫哲族。一个化工厂在污染了这个印地安民族赖以生存的河流之后,将部族全体成员安置在集中地养起来。其结果是民族文化的死亡,以行凶案件、酗酒、自杀为主要标志,以至于丧礼成为唯一能把所有人团结起来的社区事件。鄂伦春族的经历又是何等相似!

鄂伦春族原来是一个有充分文化实质的民族,是人类学家所讲的"原富社会"(original affluent society)。理查德·李(Richard B. Lee)早年对非洲的草原民族"孔族"研究后发现,他们平均每天只需要工作半天就能满足国际标准热卡,饮食结构比农业社会丰富,有根茎植物,夏季有水果,有肉等高蛋白质食物,还采集了很多野菜。另外,他们的闲暇时间非常多,有很多时间和家庭在一起。在这个社会不需要囤积,采取互惠原则交换所需。在这个意义上,鄂伦春族的过去完全就是一个典型的原富社会。进入 20 世纪以后,这个民族逐步走向贫困。最早是俄罗斯人用酒和鄂伦春人换皮毛。鄂伦春猎人在获得大量伏特加后,酗酒问题接踵而来。日本人在第二次世界大战中利用鄂伦春人的狩猎本领追杀抗日联盟官兵,同时带来各种传染病。新中国成立之后,国家的定居政策和森林开采使得鄂伦春人逐步地失去了森林,由一个采集狩猎民族变为一个依靠国家救济的民族。一旦离开了森林、离开了狩猎、离开了互惠互助的生活方式,其民族生存的意义被严重破坏。所以,在已经很长一段时间内,鄂伦春人的自杀和意外死亡——包括冻死、溺水死亡、车祸死亡、枪支走火死亡等——排在所有死因的首位,与酗酒有极大关联。

麻国庆和何群的研究给我们的警示就是鄂伦春族文化的被摧毁。这个民族被摧毁同时意味着大片原始森林的生态败落。一个民族的文化失衡同时意味着一个地区的生态失衡。换而言之,我们断送了一个民族,同时断送了一片大好河山,既毁掉了生态的多样性,也毁掉了生物的多样性,还毁掉了文化的多样性。所以,麻国庆老师和何群老师的研究特别有人类学的批判精神,特别具备对被扭曲的现代性之反思精神。鄂伦春这个例子在云南反倒出现了一个反证。很多云南少数民族村在“大跃进”和人民公社化时期把山上的树都砍光了。尹绍亭老师的研究证明,一部分民族村在过去二十多年内发生一次令人观止的生态重建,背后是民族文化的协整和复兴;这些少数民族村在一定意义上有了自治、有了自主,而自治和自主的结果之一就是放弃废除大寨模式,从盲目的农业发展转向生态保护。

人类学研究的相关性还有一个及时性问题,去年我去了河北的一个农村,今年去了甘肃的一个农村。第一个是我父亲的老家,20 世纪 40 年代后期他当过这个村的小学校长;我的堂哥后来在 80 年代也做过这个村的小学校长。那时村小学有三百多学生。去年我回到这个村,发现小学还剩下三十多个人。我一问才知道,家里有条件的孩子都进了县城上学。今年我去我研究过的甘肃大川村,也遇到同样问题,也出现小学生集体搬迁到县城上学的问题。在同地方干部和本村村民的交谈中我意识到,农村小学生云集县城上学同应试教育制度有关,因为只有县城的学校有比较好的英文老师,提供音乐课、体育课。另外比较重要的条件是县城的老师讲普通话。农民意识到大学文凭是跨越社会门槛的凭据,因而到县城小学上学已经成为带有普遍性的家庭选择。教育部几年前发布了一个农村小学并校的文件,这加速了农村小学的凋零。一旦小学生离家,它一定意味着青壮年的离家,农村就剩下老人和穷人。这个问题提示我们注意人类学研究的及时性。应试教育问题已经成为中国农村萎缩的催化剂;这是在农民打工潮之后出现的另外一个人口外迁问题。

龚:您在访谈开始提到的学科的独立性具体指什么?

景:人类学的独立性要建立在文化批判上,同时也要注意与应用的连接。所谓应用的层次和切入点很多,首先应用可以将人类学研究和发现变成社会主张,可作为倡导某种社会理念的基础。我以西方人类学作为案例来说明这个问题。在 1945 年,博厄斯(Franz Boas)写过一本书《种族与民主社会》(*Race and Democratic Society*),直接针对了美国社会的种族歧视问题。正是在这本书中,博厄斯从人类学的研究发现出发,提出了著名的"文化相对主义"理念。这是因为博厄斯意识到,种族主义不仅在美国,而且在全球都是一个大问题。还有一本书的人类学相关性也特别有意思,那就是米德(Margaret Mead)的《萨摩亚人的成年》(*Coming of Age in Samoa*)。在西方文明里,青少年的青春期问题被认为是一个普遍的问题,充满骚动不安以及反叛行为。米德认为,这一认识并非带有普世性,而是充斥着弗洛伊德理论的偏执。她的研究挑战了美国社会中流行的一种想当然的认知。另外,格尔茨(Clifford Geertz)写得非常好的一本小书叫《小贩与王子》(*Peddlers and Princess*),论证了文化在经济发展中所起到的重要作用。书中的两个集镇一个是印度教社区,另一个是穆斯林社区。穆斯林集镇好像一个"小贩"社区,印度教集镇则好像一个"王子"社区。前者有具备西方典型意义上的个人经济理性,强调个人创业;而在那个印度教集镇强调集体的和有秩序的共同繁荣,由此形成了两种不同的经济发展路径。

在这一类研究中,我最为看好一本人类学著作当属《神职人员与项目人员》(*Priests and Programmers: Technologies of Power in the Engineered Landscape of Bali*),集中探讨"绿色革命"对印尼巴厘岛的冲击。过去,巴厘岛的灌溉是由寺庙活动调节,所有较大分水闸都和庙宇的位置形成一体,每次分水的时候和传统宗教节日吻合。在这一天举行的宗教活动中,其他社区的人参加,分水是对利益共享的庆祝,而不是利益的分配。在绿色革命的时候,印度尼西亚政府使用了一套科技官僚制度取代了庙宇对分水的控制,结果是水源不够、各种害虫出现、社区间矛盾重重。关于贫困问题,西方人类学也有较好的研究。奥斯卡·路易斯(Oscar Lewis)在《五个家庭》(*Five Families: Mexican Case Studies in the Culture of Poverty*)

当中就贫困文化进行了讨论,提出贫困可能隔代传承的说法。这个说法当年引起了一次很有影响的学术讨论,使得人类学内部的不同观点展现在公众面前。奥斯卡·路易斯的文化宿命观后来在休斯(N. S. Huges)的《没有哭泣的死亡》(*Death without Weeping*:*The Violence of Everyday Life in Brazil*)一书中重现。这本书讲到了巴西贫民窟里的暴力以及集体对暴力的麻木如何表现在母亲们身上。即便自己孩子死掉时,很多母亲好像十分麻木,不会哭泣,更不会表现出中产阶级妇女通常表现出来的那种极度哀伤。该书说明结构暴力对人性的摧残。所谓结构暴力的定义之一就是将暴力不但视为制度化的产物,而且视为内化于受难者身心的力量,因而暴力的残酷性更上一层楼。

从上面的研究中,我们看到人类学相关性首先可以作为一个社会理想而存在;之后还可以用社会理念倡导的方式把相关性做得更好。比如,鄂伦春民族文化的毁灭和尹绍亭老师讲的少数民族村的生态重新都可以成为打造倡导社会理念的基础。倡导一定要有行动,可以分为社会政策建议层面的行动,也可以是直接的行动研究。谈到行动研究,清华大学沈原老师在河北白沟集镇研究时就把调查研究和组织农民工夜校的工作结合到一起。庄孔韶老师拍摄《虎日》后与地方媒体合作,在云南的凉山地区播出七次,也是一个较好的行动研究。

我最后想说,人类学研究应该是多元的,既包括纯象牙塔的研究,同时也应该有一个社会传播的作用。但我们人类学家不太会社会营销,经济学家则非常会做。我国经济学界好像天天在打打闹闹,出现了各种争议,但是这些公共化的争议对经济学学科建设有好处。我国的社会学家也比较注重在重大公共问题上发声。例如,清华大学孙立平等老师最近写了一个批评维稳政策的报告,提出创立更多的诉求和调节机制,抓住一个重大的社会议题发声。相比之下,我国人类学家则显得太学究了。作为一个集体,我们缺乏公共知识分子,没有像郎咸平、吴敬琏、李强或孙立平那样的公共话语人物。

龚:您觉得自己是公共知识分子吗? 您如果想在公共话语界发声,应该有很多的机会。

景:我一直努力采用回避态度,特别怕人类学的同仁骂我不务正业。其实已经有人骂过了。但是我们要思考如下问题:纳税人的钱凭什么养我们? 我们的学科和社会发展有什么关系? 我们培养的学生都能去干什么? 谁给你工作? 如果没人给你工作,这个学科还能继续存在下去吗? 学科发展的资源都是要自己争取,不会白来,而我们的学科缺乏主动争取资源的人。如果说官僚体制对人类学不重视,还不如说人类学家自己不重视自己。我们要学会把自己的思想、观点、发现传播出去,我们要让别人知道我们、认识我们,愿意和我们合作。我们已经做了不少相关性很强的研究,所以我们更需要让其他人了解我们的学科。其实在过去,费孝通先生在这方面做了很多工作,是一位著名的公共知识分子。他在《迈向人民的人类学》一文中明确地提出,中国人类学的前途必须与中国社会的发展紧紧扣在一起。费先生对学科普及的努力需要有人在今天继续下去。我个人对学科普及问题和公共知识分子的角色采取回避态度,但我还是希望我们的学科能再出现一个费孝通,把学科相关性问题做得更好。

反思中的"世界人类学"
——邵京和奚慕理夫妇访谈录

赖立里 梁文静 整理[*]

梁文静(下文简称"梁"):我们的会议分了四个板块,第一个板块是世界人类学群中的中国人类学:定位、可能性与实现方式,第二个是中国人类学田野作业的现状与反思,第三个是中国人类学学术伦理的提出与形成,第四个是田野作业规范与人才培养。

邵京(下文简称"邵"):这个世界人类学也好,中国人类学也好,都是人类学家没有事情干就进入的一种自恋状态,不去研究别人,跑过来一天到晚反思自己。其实这跟学术伦理有关系,因为人类学从一开始就是在一个权力结构里面产生的,我们本土的人类学也不例外。所谓的世界人类学,是欧美的殖民主义人类学,之后做得比较漂亮一点的是印度的 subaltern studies(庶民研究)。它看出来并试图去颠覆权力的结构,是一种比较自觉的由下而上、由外到里的研究。①前两天去民大纪念费孝通、林耀华,有一篇文章说世界上人类学家只有十几个人,比如马歇尔·萨林斯(Marshall Salins)和费孝通,但我觉得学界出现这种顶礼

* 本次访谈的时间为 2010 年 6 月 16 日下午两点到五点,访谈地点在北京的 Helen's Café。邵京,毕业于芝加哥大学人类学系,曾在美国东部 Vassar College 及加拿大蒙特利尔的 Mcgill University 执教,现为南京大学社会学系教授。奚慕理(Mary Scoggin),加州州立大学洪堡校区(University of California, Humboldt)人类学教授,加州州立大学国际项目中国主管。赖立里,美国北卡大学人类学系博士,北京大学社会学系博士后,现为北京大学医学人文研究院讲师。梁文静,北京大学社会学系人类学专业博士生。

① 印度在 20 世纪七八十年代涌现出来一批后殖民主义研究,庶民研究(subaltern studies)是其中一个标志性理论或学派,关注社会底层的被殖民和被内部殖民的经验。——编者注

膜拜的巅峰并不是件好事。英国伦敦经济学院有一个马林诺斯基系列报告（Malinowski Memorial Lectures），请来的人最多会顾左右而言他，扯到跟马林诺斯基有一点关系，但绝对不是说马林诺斯基开创了一个传统，我们也没有必要让儿子孙子永远继承下去。

梁：但在国内的话，好像都是说某个人创立了一个学派，后面的人要跟着。

邵：没有学派。因为早期的我们国家的人类学从吴文藻开始，就是美国的芝加哥社会学系的社区研究，再加上一些功能学派的东西。其实这样对人类学、对文化的解释是有问题的。当然英国人类学体系里面也没有太多"文化"的概念，而只是社会构成和社会运作的规律，然而这些规律基本上是站在（文化）外面的。

人类学从语言学里面借来两个词，"etic"和"emic"。etic 来自于 phonetic（语音的），就是 physical property of speech sounds（语言声音的物理属性），emic 来自于 phonemic（音位的），是特定语言中的独特语音单位，有辨义作用的。因此这两者一个是客观的，一个是主观的。但客观主观或主位客位的说法翻译得不是很好。到转换生成语法时，美国的语言学家乔姆斯基（Noam Chomsky）说了一个 native speaker's intuition（本地人讲话的直觉），其实就是 emic 的角度。因为语言学不需要去做田野调查，如果你在写本族人的语法，我自己就是我的 native informant（本地人）、我自己脑子里面的这个 intuition（直觉），比如大大的红气球和红红的大气球，在英文和法文里面是不一样的，哪一个对，哪一个错，这种感觉的话就是所谓的 emic。

功能学派假装站在科学的立场，从外部去研究这个社会，实际上这里面有一种研究上的暴力——它把研究对象客体化了。功能学派当中我觉得很无聊的一个人是拉德克里夫·布朗（Radicliffe Brown），我没有很仔细地看过他的东西，他跟马林诺斯基不一样，他的东西在我看起来极其乏味，你想研究人类学的人同样也是一个人，我站在这里，怎么可以搞得出来这么有距离感的东西？这个恐怕就是我们早期的世界人类学。世界人类学当然有好多种，当时这种理论和实践取向占主导地位跟当时的科学主义有很大的关系。另外，如果把当时的社会科学放在一个权力体系中来考察的话，社会科学是管人的科学，人类学家无非做的也是这样的一件事情。从这个意义上讲，很难说这个传统已经过去，因为它很容易引起反思。当然从现在我的角度来讲，我还是非常注重经验性研究，而且不管我听起来是多么的后现代，实际上我还是像同性恋一样是一个没有出柜的实证主义者（a closet positivist）。理论取向一定有权力背景，我们一定不是凌驾于社会或超越于社会之外来研究。实际上,早期的亲属制度研究包括现在大家都觉得做得最有意义的研究,比如埃文斯–普里查德(Evans-Pritchard)做的非洲努尔人这些结构功能主义的经典研究,究竟在多少程度上进入了那个社会?他的描述在多少程度上是内部的?

回到刚才说到的主位客位的翻译不好,与之相应的则是"内省"和"外察"两种方式。乔姆斯基说过 native speaker's inspection,是内省、审视的意思。还有一种是外察,察是用眼睛去看的。用眼睛去看的"外察",恰恰是现代主义的认知模式,就是福柯讲的所谓的 the gazes(注视)。这种 gaze 一定不是 dialogic 或双方对话的产物,而是一方把另一方作为客体的产物,但是我并不觉得一个教授比一个街上卖菜的人要聪明到哪里。你在把他当成客体,在研究他,觉得你很高明的时候,其实人家在笑你,你都不知道。所以在这种情况下就很难回过头来讲,要搞一个中国的人类学。

中国的人类学要站立在世界人类学之林,而要把功能主义或者社区研究作为它的标志的话,实在太可怜了。因为功能主义这个东西谁都做得出来,看不出来哪里是中国的,只不过我们没有去研究他人而已。如果我们在研究西藏人的时候,我们觉得我们比较像英国人;我们在研究自己的时候,我们又成了社会学家,这不是瞎掰吗?玩得转的就是人类学,玩不转的就是社会学,那这样的话是很荒谬的。

梁:我们上课的时候觉得埃文斯–普里查德的研究还是很不错的。

邵:但是它的可操作性很强,可以复制出来很多跟它一样的东西。其产生出来的结果,永远是这边是人类学家,那边是研究对象。研究对象永远被对象化了。

现在说世界人类学也好,中国人类学也好,是人类学自恋的一个倾向。在我看来,为什么要去做这种标榜?没有必要给人类学加上一个标签。它只是一种生活方式,而不是纯意义上的一个学科。它是观察世界、观察社会的一个方式。

人类学从一开始不可避免地是在权力结构里面的一种运作。在这权力结构的运作中,如果一定要说中国人类学的话,认为我们早期的人类学,结构功能主义加上社区研究这些从外国学来的东西,加上吴文藻、费孝通、林耀华,再搞上一点历史的东西,就搞成了所谓的中国学派。我觉得这种标榜没有多大意义。因为所谓世界人类学的提出,是人家给你面子,貌似好像中国有自己的人类学。我觉得中国哪有什么单独的理论取向。如果说人类学是在权力范围里面、是权力结构运作的产物的话,我觉得有本土意义的学派应该来说是没有的。因为我们把那个东西借过来以后,那套话语并没有从本质上改变权力的关系,所谓的社会学、人类学只是硬指的东西。

一个比较有意义的突破,我认为是印度的 subaltern studies(庶民研究)。因为它直接把研究指向了殖民主义,是后殖民主义研究中可以标榜的一个学派或研究思路。Subaltern 是中尉以下的下级军官,他替殖民主义做事又地位低下,他的视角就跟你不一样。我们很多用结构功能主义描述出来的印度社会其实是 the effect of colonialism(殖民主义的效应),而不是客体里面固有的东西。殖民主义过程本身产生了很多社会现象,这些社会现象又被殖民主义描述成为印度的社会现象。

在福柯之前的伯纳德·科恩①早就提出过这个思路。他写的书很少,其中有一本 Anthropologists among Historians, Historians among Anthropologists(《历史学家中的人类学家,人类学家中的历史学家》)是他的论文集。这些论文其实奠定了人类学自我反思的一个开端。很多人都不是把注意力放在描述对象上面,而是放在描述本身显现出来的权力关系上。从这个角度来讲,我觉得这是一个突破,但我不认为中国现在有这方面的突破——中国的人类学学术老实说几乎要全部被利益收买,已经看不到什么独立的研究了。在这种情况下,我们竖立起一块牌子,有什么用呢?东西没有做出来,何必先去竖起这个牌子?我觉得没有必要。

前面说到的就是所谓的角度(perspective)。功能学派最大、最值得诟病的地方就是,它很人为地把对象客体化了。而我觉得,实际上作为生活方式的人类学的话,你永远在跟研究对象对话,而不可能产生一个 definitive understanding of culture, of particular social structure(对于文化及特定社会结构的明确的理解)。因为你刚刚一说出来,人家就来颠覆你。尤其把它用于管理,比如用于殖民地管理、少数民族管理等管理的时候,这时很快就能把管理颠覆掉。

言语行为理论(speech act theory)很有道理,一段话只要主体一变,它的意义就完全变了。比如成龙主演的《巅峰时刻》(Rush Hour),里面跟他搭档的纽约黑人警察跑到酒吧里去,见一黑人就打招呼,说"Wassup, my nigger?" Jacky Chen(成龙)演的角色不知道"nigger"这个词只有自己人能用,而且还带有反讽的亲切,但如果你不是黑人,就成了骂人的话了。这句问候的话他的搭档说得,他就

---

① Bernard S. Cohn,芝加哥大学人类学与历史学家。——编者注

说不得,结果差一点挨揍。不是说,要禁止 nigger 这个词,要文明礼貌,不讲脏话;而是说,这个脏话从他嘴里面说出来,意境就完全不一样了。这就是所谓的 performativity(表演性),主体一换,意义就完全变了。这样的情况下换一个亚洲人再去说"Wassup, my nigger?"那就出问题了。这样,我们再捏起鼻子来,觉得我们在做怎么科学的学问、再给它加上一个标签的话,就有点自作多情了。从这个意义上,前面也讲到现在中国财大气粗了,所以人家给你面子,管你叫"世界人类学"。我觉得,我们做出来是什么就是什么。像庶民学派(subalternism),没有人说它是世界人类学。

奚慕理(下文简称"奚"):对啊,subalternism(庶民学派)恰相反,它就是不要做一个大局。我觉得可以补充一句,要是在美国,要说有大局、有世界性人类学的话,可能是在玛格丽特·米德(Margaret Mead)和露丝·本尼迪克特(Ruth Benedict)的那个时代,但后来已经受批判得够狠了,再也没有出来。二战以后,美国有一段时间最有资格做权威的时候,经济学或是别的学科有大局,而人类学并没有做大局。要是说人类学做一个"大局"的话,它也不是那种世界化,而是反面的、替压制的人说话。

赖立里(下文简称"赖"):我给二位提供一点背景。World Anthropology(世界人类学)是由埃斯科巴(Arturo Escobar)提出来的,我上过他的课。他刚提出来时,我就参加了他的研讨活动。当时是他和他的一个学生,也是他在哥伦比亚的同事——Eduardo Restrepo,还有 Marisol de la Cadena——他现在 U.C. Davis,他们这些在美国的拉美人类学家提出来 world anthropology 这个概念。他们有一个想法,比如当时我的同学 Eduardo Restrepo 觉得,拉美的人类学和在美国的非常不一样——美国非常 provincial(狭隘),自以为掌握了许多话语,但实际上拉美人类学家可以在拉美做许多不一样的东西。埃斯科巴当时主要是反对美国人类学家的自以为是,反对美国人类学代表世界人类学的观点。他们觉得,应该有一个 world anthropology 来促进各个国家人类学的交流,而不是被非常强势的声音笼罩。于是,他们提出 world anthropology,并于 2005 年在 AAA(美国人类学年会)开了一个研讨会,专门讨论了这个事情。这也是马库斯(George Marcus)专门给高老师提议的一个背景,马库斯对这个很有兴趣。其实我们当时上课的时候这个议题就非常复杂,因为我们大家讨论后认为这(世界人类学)是一个无解的事情,包括我们自己在高老师组织学生开展的讨论中,也发现非常多的问题。做 world anthropology 有很多学理之外的非常现实的限制。但不管怎么说,现在这个世界已经被民族国家们分头做了标记,比如中国的人类学也已经被标记,被看作是Chinese Anthropology。这样,我们怎样来做出转变,或者怎么样比以前更好、更广、更多一些机会出来,这是谈论世界人类学大局的一个背景。我是这么想的。我都同意邵老师的观点,因为人类学本身已经边界很松散,不应该有标定的边界;但也许在民族国家这个世界格局框架下,已经不是我们自己想要什么,而是被加进来在这个框架下我们做点什么事情。

奂:嗯,对。

梁:刚才谈到米德和本尼迪克特,她们当时是怎么一回事儿?

赖:这个也是冷战背景吧。(**奂**:对。)为了国家造成的,有点 international anthropology(国际人类学)的含义。

奂:这可能是本尼迪克特的特例,就是战争时代要做一个人类学研究。你想,本尼迪克特跟现在美国打仗的 human terrain(人文地形)相比的话,可怜吧?现在美国军队有一些职业的人类学家,跟记者的角色一样,跟着军队跑,给军队做一些服务,建立一些联系。

邵:它实际上是这样的:我们打仗的时候不是要摆沙盘、看地形吗?human terrain 就是人文地形,来分析那里面哪一些人可能对你抵触比较大,哪些人可能是间谍。当时美国争论比较大的是人类学家要不要参与这样的事情。参与就是背叛人类学。(**奂**:对,很大的反应。)因为人类学永远以自己是进步人士来标榜,跟右派军事政权合作的态度就会出现困境。(**奂**:对。)奂老师有这样一个学生,因为他是孤儿,底下还有弟弟妹妹,大学没有毕业就参军了,之后被派到伊拉克,第二次被派到阿富汗。他试图做很多这样的事情,比如建立笔友,过圣诞节还寄来一个 community outreach(也就是社会外展,跟当地居民搞好关系)。其实他们军队的电子邮件、信、包裹都要经过严格的审查,他很不容易。我们不知道他在哪里,他不会告诉具体的地址。但是在他的实践里面,他不断把人类学用到限制很多的一个环境里面。我非常钦佩他。

奂:一方面我很反对 human terrain project(人文地形项目),作为一个人类学家我不会去;但同时我也很赞成我这个学生在那里做这个事情,有一个人类学背景的话,我还是很赞赏的。这就跟以前不一样了。

赖:对。不过像您所说的庶民研究的话,实际上它面临的主要是权力的问题,对吧?

邵:是这样的。比如埃文斯-普里查德给我们呈现了一个非常井然有序的、没有时间框架的、永恒的、结构和运作非常可以把握的、没有被历史化的社会,我们看到这个东西,觉得它美得不得了。但如果我们把权力的因素和时间的因素都带进去的话,它原来的客观性就大打折扣,我们就不可能去期待。如果我们认为埃文斯-普里查德好到我们还可以去重复做他做过的事情的话,实际上我们在做一件非常没有意义的事情。

奚:对,就是你刚才说的,被老一套的拴住了是不行的,要逃出这个框架来。

邵:如果我们是为我们自己的学术在生产一些知识、拿来骗学生的话,我们觉得,这样的人类学,我们自己关起门来逗乐子就完了。但这就跟社会没有关系了,是不是?关起门来,我们都看电视。我们人类学搞成那个样子挺悲惨的,是不是?说来说去,人类学应该做一些跟社会生活有直接关系的事情,而不是关注自己的理论怎么样、定位怎么样。英国有一个埃文斯-普里查德了不起,我们再搞一个中国的埃文斯-普里查德或马林诺斯基?中国已经有太多的马林诺斯基,叫你参与观察,叫你去(与当地人同)住。其实现在的人类学家哪有几个人去住,很多是跟着项目和利益去转一圈,人家把你骗得一愣一愣的,你还不知道。你做田野就会知道,人家不笨,就是一个文盲也比你聪明,你去了之后就是一个傻瓜,然后你老是觉得你在那里问出来一些问题,你很高明;你住时间长了以后,一个事情多问几遍,你就会发现,你经常被别人骗,这个骗是什么。埃文斯-普里查德也被别人骗,因为他已经琢磨出来你要什么样的答案,他就给你什么样的答案,你就是自我生产的这样一个过程。

所以从一开始我讲的这些东西听起来非常 foucauldian(福柯式),非常 post-modern(后现代),其实我不是这个意思。我认为关注这些东西并不是说我们一天到晚要盯着自己的肚脐眼看——我们人类学怎么样;而是说你真的应该把眼光投向田野,在田野做非常扎实的经验研究和实证研究。现在所谓 positivist studies(实证主义研究)都不被看好,都不好意思说,我就说我是一个 closet positivist(没出柜的实证主义者)①。你去了之后,你就知道,给别人憷得一愣一愣的,你还在那里自鸣得意、讲理论讲得一套一套的。其实看别人的文章,你一看田野做得好不好,马上就看出来了,人类学的质量就在这里。权力这个东西最后还是跟你对现场了解的质量有关系。

---

① 这是借用了性别研究中的一个用语——"出柜",英文"come out of the closet"的直译。指 Female to Male(FTM)或者 Male to Female(MTF)向周围的人公开自己的性别认同与生理性别和社会性别不一致的状况,即是指一个人对别人公开自己的同性恋取向或双性恋取向。——编者注

赖：对。我回来有一段时间，而且我做的田野也在国内。我觉得我对人类学的看法很松散，因为我原来学中医而不是学人类学出身。我一般是拿来就用，比如我的论文中政治学家、社会学家的东西都用。现在中国人类学的现实问题，我觉得答案可能是，太多的人太关注大的框架，人类学的长处没有发挥出来。就是您刚才批评的结构功能主义的东西，我看得也不仔细，因为我还是看后来的新的人类学研究多一些。但我觉得，像埃文斯-普里查德他们那样很注意一些本地逻辑、inscriptive（刻得很深）的东西或所谓的人类学的一些概念范畴，还是很重要。在中国的语境下，要凸显人们自己对他们所处生活的解释，这是我们人类学最终要做到的。我非常同意邵老师的说法，我们到下面去真的像傻子，是被他们看不起的。我真的是这个感觉。人们自己怎么解释他们自己、他们的世界、他们的生活，以及他们那种文化如何与国家结构下的文化不同，他们那种文化是什么样的东西，是怎么样的状态，这种经典的人类学方法还是非常有效的，尤其在谈中国当下的状态的话。不要一谈国家都去关注 state 和 civil society 的 divide（国家与公民社会的分隔），认为"只要是国家的必定是对人民不好的"，非常简单的这些逻辑，不一定就是这样。我并不是反对邵老师的意见，但觉得这些人类学的经典方法确实有它的现实意义。

邵：这个应该这样讲。我们不应该老把我们自己当作是学者，哪个东西好看，哪个东西不好看，哪个东西好玩，哪个东西不好玩。埃文斯-普里查德（的作品）还好看，拉德克里夫·布朗（的作品）我不愿意看。帕森斯那三句话就能讲的道理，他搞了那么多。你刚才用了一个很好的词语 cannon（经典）。Cannonize（经典化），死人才会被 cannonized（经典化），这是天主教里这个词的本义，我觉得它已经是没有生命力了。所以，"经典"在我们眼里不是一个褒义词，而是一个盖棺定论的东西。对于埃文斯-普里查德，我们学的时候非常仔细，批判得也非常仔细，我不认为他是什么经典。我们当时把他解构出来，并不完全是后现代。从方法论来看，首先他有英国绅士的文笔，是一种把很多皱纹都给抹平了之后给你呈现出来的光溜溜的东西。但社会是一个多视角的社会，你哪里去找这么一个光溜溜的东西，当然当小说读的话是可以的。（奚：是可以受启发的。）当然是好的东西，但究竟是这些东西在社会生活中所起的作用大，还是其他的什么理论？因为如果我们把眼光放在结构功能主义上面，其实我们预先设定了我们一定要找什么东西，那就一定找得到的。

赖：我并不是说它要用结构功能主义这种方法，而是说借鉴这个思路。因为结构功能主义预设了一个东西，你再去证明它，这样的方法显然已经被证伪了。

邵：我倒不是对它的思路，而是对它的 narrative（行文）有看法。它的 narrative 具有高度的创造性，把它从时间、权力的框架里面拉出来而把它客体化了，而客体化应该说是一种思维的暴力。因为你已经剥夺了人家自由的权利，人家这么聪明，而你把人家弄得这么有规律。这样创造出来的也是非常干净利落整齐的一个世界，但这样的世界我们在现实生活中很难找得到。所以，如果我们还是顺着把这样一些东西奉为经典、并不断地去复制这样一些现场的话，那么这里最好的产出可能是我们的教材。我们可以说这个地方的农村是什么样子的，它也可以给我们一些本质化了的东西，但这些东西除了教书骗人以外还有什么用途呢？

赖：我倒不觉得会本质化，我觉得这主要是一种思路。实际上很多社会学、政治经济学的研究是非常结构功能主义的。也许埃文斯-普里查德强调的并不如我所说是把当地隐含在外界政治制度之下的文化凸显出来，但我是这样理解的，我觉得这在中国尤其在社会科学领域有非常强的现实意义。因为太多的人不太重视人们自己的声音，而这是人类学家最重视的。我接触了很多，比如做农村建设或乡村建设。这些人都是好心，但基本上都认为农民是需要进行基础知识教育。这些观点都是结构功能主义的，觉得现在这个社会，我们要做一些事情帮助他们组织起来，把很多 NGO 放下去做一些好事儿。但非常缺乏人类学的视角，可以通过一些新的人类学的方法来做一下改变，这是我比较关心的。

梁：埃文斯-普里查德的东西，确实老师们说这个做得比较好，比如《阿赞德人的巫术、神谕和魔法》，让我们当作范本来读。

邵：我不明白的一点是，我们为什么就停止在这里了？在他们以后对他们的评价和分析有很多，再就不讲了，而且好像到了一个巅峰以后我们就再也没有去做别的事情了。我觉得这还是我们自己信心不足的表现。把一个眼光非常狭隘的东西（very provincial perspective），扩大以后变成 academic biological ancestors（学术上的老祖宗）。如果我们对时间的蔑视和他对时间的蔑视正好吻合的话，这是比较可怕和不可原谅的。其实我们在介绍埃文斯-普里查德时可以把它放在殖民主义的场景下面作为殖民人类学与研究对象互动的一个案例来研究，这样我觉得就把它搞活了。埃文斯-普里查德故意把它弄得非常透明的文体，我们再不看见这个文体本身不应该透明，这是不应该的。英国的美文运动比如培根（Francis Bacon），这些启蒙主义的东西本身实际上是一个 linguistic ideology（语言学的意识形态),它预设了语言学符号指向的透明性,但是所有的语言作品及话语都是表演,不是透明的;都来自某一非常具体的视角(assuming the referential transparency of lingusitic signs, but every piece of linguistic work, discourse is performance, is not transparent. It comes from very a specific perspective)。就像"Wassup, my nigger?"(黑鬼,怎样?)就像我就可以跟人家说"我是一个 Chinaman from Chinatown"(唐人街的中国人),但是你要是这样说我,我就对你不客气,我就揍你,因为我有这个权利说。因此,这种东西都具有颠覆性。再比如,Judith Butler 在伯克利走路,上来一个人问她,"Hey, lady, are you a lesbian"(喂女士,你是女同吗)? 不料她却问答,"Yes, I AM a lesbian"(是的,我是一位女同性恋)。本来 lesbian(女同性恋)是一个骂人的话,但从她这里变成一个具有正当性的东西。

所以说,如果我们不认为语言是一个透明的东西的话,再去看埃文斯-普里查德的 ethnography of past practice, it's a shock through with the ideology about the referential transparency, or the referential of real linguistic signs(关于过去实践的民族志,会对这种带有指向性的透明度,或者说真实语言学符号的指向性感到震惊)。我觉得这个东西值得反思:恰恰在我们做民族识别、民族认同,在讨论这些的时候,我们摆出客观主义、科学主义的态度来,实际上已经在把研究对象客体化了。我们不要说得那么煽情,英文中的 violence 比中文的暴力这个词色彩要低一点、淡一点,但就是一个强、一个弱而已。① 他本来没有资格说话,非要让他说一个文化出来,他本来没有想到我有文化,突然间我有文化了,这不是冤枉大了吗? 因为作为研究你的人,我没有文化,反倒你有文化,那有文化实际上并不是一件好事情,对不对? 就好像说生物医学(biomedicine)是没有文化的,而其他的 alternative medicines(替代医学)是有文化的。但"没有文化"恰恰就是生物医学的文化。它是这样一种关系。我一方面是这样的自恋,一方面又是这样的不自觉。我觉得这个矛盾比较难以调和。

吴:现在整理的东西跟下周的会议是什么样的关系?

赖:开会时间太短了,肯定大家都没有什么机会来说,因为开会实际上只有两个上午的时间。所以高老师就说能不能先分头跟各个老师聊一聊。可能有一些主题,开会的时候大家可以产生一些共鸣。比如邵老师这个观点是很多人都有的,包括我自己也有。那么大家可以拿出来做一些讨论和争论。另外,这个会

① 这里提到"暴力"是承接上文所说"客体化应该说是一种思维的暴力"。

现在开得越来越大了,很多人提交了论文,就会想发言。这样到时候很多人想发言,还有很多人想一起提出一些看法,恐怕就安排不过来了。所以我们就分头提前跟各位老师,比如比较关注中国人类学和有一些看法的老师做一些采访。我也没有想到这个会越搞越大变成现在的规模,因为最开始就是马库斯要来,他要做一个跟 world anthropology 相关的演讲;因为高老师做海外民族志,所以高老师就想把自己加入进去,最后就变成了要提学科规范,要定位中国人类学。

梁:您上课①的时候说,您对"中国人类学如何对世界人类学做出贡献"这个话题比较感兴趣?

奚:对,我当时也许说过类似的话。大概想的是,不是一个大局,而应该是个别的。比如对我来讲,上周末在民族大学开会②出现一个有意思的问题,好像很多人讲的是文化自觉,后来更有意思的是讲到学科自觉。学科自觉跟文化自觉很不同的是,它不应该限制说我们是搞人类学的,那我们的认同与国家是错开的,是吧?学科自觉同样还可以规模再小一点,比如理论概念自觉。这提醒我从哪个角度去看问题,我就想讲一个概念"声音"。声音可以从不同的范围、不同的规模来看。声音在比较大的范围是交流的、对话的声音,或者可以在小范围的、小规模的——就像我们上课的那种方式。声音在小的范围就不应该说是声音,比如从语法的层面,从雅各布森的分析来讲,称呼可以分第一人称、第二人称。我曾经还考虑到中国以前的那些研究,比如李济,他是从清华到哈佛又回来的,主要搞的是体质人类学和考古,但对语言也有一点研究,他对第二人称的研究就很有意思。可以从小的范围和大的范围来看,大的范围就是话语的对话和交流,小的范围是比较生硬的意识形态,埋在里面的第一人称和第二人称有哪些语法上的不同。另外,中国确实有一些很特殊的资料,比如它的文艺体裁。你要是从那个角度去看,真的是有很多事情可以做,到现在为止好像没有去做。所以我想说的是,等着做吧,赶快去做,可以做的事情太多了。中国研究的领域可以做的事情很多,都还没有开始做,所以我很感兴趣,我记得我好像说过,现在还没开始,我等着它出来,自己的中国的人类学研究、自己的路线、自己的范围,很多事情可以做。

赖:你是说,像李济他们那样做一个历史的梳理?

---

① 2010 年春夏季,奚慕理老师在北京大学开授"语言与文化"课程。
② 指的是 2010 年 6 月 12—13 日中央民族大学纪念费孝通、林耀华 100 周年诞辰系列学术活动。

奂:对。其实我更感兴趣的是,他(指邵京老师)说他是一个 closet positivist(没出柜的实证主义者),我应该说,类似的话,我是一个 closet behaviorist(没出柜的行为主义者)。就是说,还是应该以与人交流为主。历史当然可以做,有很多资料,就是太丰富了,但还是从做田野比较具体的、与人交流的范围开始,我相信再过个二十年吧,肯定会有很多很有意思的作品出来。这样的话,其实不管是不是外国理论都无所谓了,但你要自己做起来,你要赶快去做,你要做的事情太多了。

梁:不是做了很多年了吗,为什么说还要赶快去做?

奂:但老的路线有好多限制。其实做的时间也不是很长。就是新中国成立以后、80 年代以后,在学校的体制中开始做田野的并不多,只可以说是开始的一段吧。

赖:民族大学的那个会,他们提学科自觉,不是提中国的人类学界,而是指整个人类学的一个学科自觉,是吗?

奂:他们主要讲的是费孝通和林耀华做的研究,就是说受二位的启发做了一些研究,而不是他们自己做的研究。

梁:你们好像比较反对这种观点,就是说,费孝通创立了一个学派,后面的人都在跟着他走,但能不能说是因为费孝通他们在那里创造了这样一个历史性的东西,所以我们有一个中国人类学?

邵:我觉得很难这样讲。因为大家都是跑到国外去,学完了回来自己做。都在外面学了,回来以后就偷懒了。其实按照地地道道殖民主义人类学的话,应该再去学一门语言再做。像我们当时有一个同学 Enseng Ho,他是马来的华人,他就在哈佛。他当时没有研究中国,也没有研究中国人,而研究也门,学习阿拉伯语,这个是正经的搞法。像对我们就另眼相看,your field language is also your second foreign language, your academic language(你田野的语言也是你的第二外语,你的学术语言)。你偷一个懒,少考试一场;要不然的话你还得多学两门语言,你才可以去做。

回来以后,其实这个很有意思,比如费孝通、林耀华回来以后,他们做田野跟人家做田野都不一样,都是轻车熟路,两个月搞完以后,很多人就很简单地把它当成田野研究,其实是双重生成。严格来说,他没有走殖民地人类学家应该走的那条路,之后用小说写一写,用个花里胡哨的东西写一写,搞出来。你是本族人,人家也不能说你什么,而是当面夸你做得好。

但当费孝通晚年提出"文化自觉"的时候,我觉得是一件非常了不起的事情。为什么? 它是对功能主义的一个反思,是从里面研究里面,而不是从外面研究,得出来的结论也不是外面的结论。《乡土中国》,你要是仔细读的话,跟它后来的社会学人类学把它变成某一种 inside Chinese society(内部的中国社会)不一样,它实际上非常的 ambivalent(含糊)。它不是在那里一个劲儿地夸,也不是一个劲儿地损。读《乡土中国》的话,你可以说人类学把本来是一个本土的人变成一个边缘的人,哪边都是边缘。像这种 ambivalence(含糊)或这种 cultural critique(文化批评),大家一般都没有注意到,现在好多都不提了。"差序格局好得不得了",一旦差序格局出来以后,"关系"啊什么就好像抓住了中国人的本质。其实"抓住了"是在创造中国人的本质。原来批判的东西没有了,认同的东西现在比较多了,这时最需要的就是一种带有批判性的文化自觉。这个我完全是顾左右而言他,没有顺着他们来讲,但我觉得我们应该倒过来,不能够把《乡土中国》作为诠释人类学理论的一个大众版的东西,用人民群众喜闻乐见的语言来解释一些深奥的人类学理论。我觉得,恰恰他在这里有一个里外不是人的地方,而后来对他的推崇恰恰把作为它的精髓和灵魂的这一点给忘掉了。从这个角度来讲,要说有一个中国人类学的话,我觉得恰恰是这一种带有高度自觉态度的人类学,才应该是中国人类学。

其实这种质疑并不是人类学的特长。我们可能会妄自尊大。其他学科像哲学里面有很多质疑的东西,比如后结构主义的马克思主义。因为如果顺着马克思的思路的话,卢卡奇就走到一个极端,工人阶级不可能提高自己的觉悟,因为按照那个逻辑的话,你一直不是可以拔着自己的头往上走? 但是像那个比较叛逆的疯子波德里亚(Jean Baudrillard)就把马克思,简单地说,变成了狄更斯的小说 *A Christmas Carol*(《圣诞颂歌》)里的小气鬼 Scrooge 一样的人。他说,你的这套哲学、这套政治经济学的东西还是在资产阶级的意识形态里面,你也不是无产阶级的先锋,结果讲的这些东西不是发散的而是收敛、积聚的。当时他的这个视角恰恰使他能够站在一个非常勤奋、非常 capitalistic(资本主义的)之外。这些概念的来源是尼采所说的太阳神与酒神的对立。他说,如果你要是跟着他的思路走的话,你就跳到资产阶级意识形态的陷阱里面去了;只有我从里面跳出来,我给你来反的,这样它就给马克思主义一个自觉的认识。后来人家说他不是马克思主义,其实他跟马克思主义的思路完全是一致的,都是黑格尔的思路。可能从自觉的意识来讲的话,不管你是哪里的人类学家,你必须得知道你是一个人,在人的社会里面做研究。你一定是站在某一个立场上的,不要试图去填补被启蒙运动赶走的上帝的那个空缺,要比较谦卑一点。

赖:因为刚才奚老师提到"中文",二位老师对中文人类学有什么看法?如果我们真的谈中国人类学,实际上离不开中文。

奚:我刚才提到李济,他讲的就是这个问题。

邵:我上课时只是到这学期才开始用中文的材料。我觉得到目前为止,上课不管讲什么,讲理论也好,讲方法也好,讲民族志也好,我不愿意用中文翻译过来的材料,因为翻译过来我就看不懂。(**赖**:翻译的很差。)我觉得语言问题,首先是你在写那篇民族志的时候,你心目中的读者是谁。从这个意义上,选择什么语言来呈现你的 ethnography 会有很大的差异。因为语言,首先我们不认为它是透明的。不同的语言完全是不同的东西,出来的内容也是不同的。

奚:我们是从理论来讲,还没有说到你的 data(材料)怎么样,肯定也有这方面的问题。当然人类学很有名的是,就说,"好,我可以讲到一个名词,这个不能翻,我们就选几个不能翻的概念"。理论也有这个问题,读马克思看的是英文的,我觉得看的是马克思;但读德里达我看的是英文的,我就不觉得我看的是德里达。一般都会认为,我们用英文读的、玩的是一个不同的德里达,而不是法国人玩的德里达,两个不一样。

赖:邵老师刚才把我的意思改偏了,因为谈到了翻译。我说的中文人类学是说,在中国做人类学的这批人,中国人是受众,这样就要用中文表达,它不能离开文化的环境而独立使用;从这个意义上,确实中文人类学提出来,也许它能够帮助我们来思考中国人类学这个概念。

邵:在英文里面,有 China Anthropology 和 Chinese Anthropology。Chinese Anthropology 是中国人来做的,也许是用中文写的,也许不是用中文写的。China Anthropology 指的是对象是中国的人类学。其实这种区别的话,我觉得,Is there really a Chinese Anthropology, do we really need a Chinese Anthropology? Why should it be different other than the differences between different audiences?(真有一个中国人的人类学? 或者说我们需要这样的人类学吗? 为什么要这样区别,与区别不同的受众有什么更多的不同?)

赖:我觉得还是会有不同。比如我在写我的论文时会花很大的精力去解释一些如果我是用中文写的话就不用跟大家解释的事情,比如"十一届三中全会"、"家庭联产承包"等。在那个英语的语境里面,肯定我很多的篇幅要解释这些东西。

邵：是不是因为那样的解释恰恰给予我们获得某种距离感的一种可能性？原来我们太容易把那些东西认为是不需要解释的，但一旦需要解释时，问题就来了。（赖：有道理。）最近我一个同事写了两篇文章，我们经常有很多交流。他原来是在英国上的学。我说，我看了你这篇文章，很难想象你心目当中的读者是中国人；虽然是用中文写的，但你这个文章像是翻译的，因为有些你不必要解释的东西你在那里解释了。但他跟我讲，他是故意的。那么这时，我们的 Chinese Anthropology in Chinese，就会变得多余。

他写河北两个村子道教的东西，文章写得非常漂亮。我这样理解他——应该是可以的，就是对他来说，写文章实际上是一个 performance（表演）。这个 performance 和当时大卫·施耐德（David Schneider）的 performance 是一模一样的。大卫·施耐德写美国亲属制度时的做法，恰恰用的就是这种看起来非常没有必要的描述的东西——爸爸的哥哥叫 uncle，爸爸的弟弟叫 uncle，爸爸的……叫……这么啰里啰唆干什么？当你感觉到他啰唆的时候，你突然发现，原来我们做人类学时采用的理论范畴，理论前设就来自我们自己的文化，而这种关系常常是隐蔽的，并不为研究者察觉。We are not aware of the presence of culture when we are thinking some kind of theory（当我们在思考某种理论的时候并没有意识到文化的在场）。当他把这层关系说出来之后，他就直捣那个摩尔根（Lewis Henry Morgan）的老巢，认为当时的亲属制度研究建立的最核心的概念实际上来自于本土文化。从这个角度来讲，他从真正意义上开创了文化人类学，他的学术的追随者们才会在美国搞出一个 *Cultural Anthropology*，正好是在 80 年代搞出这么个杂志来，当时是迈克·费彻尔（Michael Fisher）、乔治·马库斯（George Marcus），还有詹姆士·克利福德（James Clifford）他们搞的这个东西。当时这个思潮的出现，还有伯纳德·科恩（Bernard S. Cohn）的参与，我觉得是独立于欧陆哲学里发生的后结构后现代的变化，当然也跟当时反越战运动有关，这种思考的质量是非常高的。

因为大卫·施耐德脾气很坏，得罪了很多人，哪里都待不下去了。他整个一个破坏性的人。（奚：批判性非常强。）但在这个破坏上面建设了很好的东西。像这种创新，我们很难说，this is American, or this is world（这是美国的，或者这是世界的）。在目前的语境下美国的还是世界的，world 这个字本身的含义就是 the third world（第三世界）。World anthropology 弄不好就会让人觉得是第三世界人类学。因为语言学里面里有一个概念叫 grammatical marking（语法标注），你的 marked category（标注的范畴）永远是另类的东西。你现在自己突然一下子想起来了，说"我这个是 world anthropology"，其实是一个另类。You are setting yourself up for something（你在给自己下套）。人类学如果要加上 world 这个标志的话，本身也就成了这种另类的东西，因为它是一个 marked category（标注的范畴）。就像 woman 相对于 man 就是个 marked category。当年审"四人帮"时最高人民法院院长江华开庭时宣布："传被告人江青，女的，到庭！"，那个"女的"就是一个这样的标记。黄永胜怎么也不说是"男的"？但江青却要突出"女的"，本身就是性别的权力差别。专门把世界人类学作为一个类别另说出来也有同样的意味，有点对号入座的味道。

其实语言真的是一个问题。现在我们在教书时能做到的，就是多介绍英美人类学家关于他们自己社会的研究。我就不会另起炉灶，我的整个理论体系都是从人家那里拿来的。我们现在没有什么条件去研究别的（社会），以后可能很快会有，但至少我们能看到他们写他们社会的研究。我试图营造的就是，我们不是非要像早期人类学一样研究他者，我们可以研究自己，但可以看看人家是怎么样研究（自己）的。

梁：高老师去年在云南的世界人类学大会上组织了一个 panel，是在讲如何用中文重新书写民族志。

赖：那是海外民族志吧。它是说，中国人去做海外，然后中国人写出对海外的看法。

梁：奚老师上次说，德国和英国人类学都有一个本体论的东西，是说中国人类学也要有本体论的东西，是吗？

奚：对啊，不能没有啊。不可能没有！看你怎么去讨论它，是吧？我不记得我们当时是在讲什么了。

赖：这个我也听文静说过，也算是一种解读。就是说，因为我们今天的主题是中国人类学，或者说，在中国的这些人类学家做的人类学。那这些人自己，比如我们自己，在这个环境长大，有着我们自己的历史、自己的世界观和生活方式，我们做研究的时候，不可避免地会带有我们自己的意识文化、自己的解读或者自己的成见这样一种认识的基础。还有一点，高老师有个学生叫龚浩群做泰国研究，我们那天开会也讨论过，就是她这样一个中国人到泰国做研究，她所关心的东西、她的视野和一个美国人去做肯定是不一样的。

奚：当时高丙中在民大做了一个讲座，介绍过她。还有杨春宇吧，他到澳大利亚去做，他说感觉没有什么不一样的。不是说非得怎么样，没有什么一定得怎么样，自己强迫自己去做一个中国式的东西，但我就相信肯定会有（不一样）……然而刻意把它做出来是不是不太自觉了？

邵：我觉得这里面跟劳拉·耐德（Laura Nader）当时搞的 studying up（向上研究）有关系。这个 studying up 有两个意义，第一个意义就是研究我们社会里有地位有权力的职业，如律师，医生，银行家，也就是说我们不能老是研究那些受气的人。第二个意义是我们要把我们原来在殖民主义时期研究的对象请到我们的社会来研究我们。But this is only a supplementary kind of anthropology, a small gesture, nothing really revolutionary. It's European and American anthropology massaging their own identity（但这只是一种补充的人类学，一个小小的姿态，没有什么真正的革命性的意味。这是欧美人类学对他们自己身份的一个搓揉）。好像观察者不同，能看到的东西也不一样，不过也当然是不一样的。劳拉从萨摩亚请来人研究旧金山无家可归的人和美国的亲属制度，但这个东西菲利普·布让（Phillipe Bourgois）也可以研究得很好。他是个美国人，研究自己社会的边缘人。他本来在纽约研究那些贩毒的人，跑到旧金山就专门去研究那些要饭的，他们的种族和亲属之间的关系，quasi kinship relationships（准亲属关系）。那个研究非常漂亮，不是说这样好的研究只有从别的地方请来的研究者才做得出来。所以从这个意义上讲我们仅仅要重复以这种方式获得主体性的话，我觉得理由还不够。因为你最终的理由是从人家的那个框架里面出来的，是人家有了自我忏悔的冲动以后出现的，你现在再去填补人家空缺，做的还是人家的事情，意义不会很大。如果真要是本土的话，最终的理由应该是本土产生的理由。

赖：对。我很赞同您说的 conversation，就是一直处在对话中，这也是我参加高丙中老师的会听到的。他的关怀是出于在本土的一些关怀。基于这种出发点，他想去做这种海外民族志。这是一种想跟国际状况的对话。

邵：对。因为 world anthropology suggests some kind of unification or unity, but actually the only unity you can find is in the fragmentation of anthropology, the assertion of different perspectives or voices（世界人类学暗示了某种统一或联结，但实际上唯一可以找到的统一正是在人类学的碎片化中，即坚决主张观点及声音的不同）。这个还不够打碎，因为你现在再去把它黏合到一起的话，就是要打碎你的 agendas（议程）。因为只有在这种情况下，你才能够最后产生出来对人类学作为学科——不要说世界人类学、美国人类学、欧洲人类学——有贡献、给人有启发的一些理论发现。如果你的出发点永远站在外来的出发点上的话,就是费孝通所说的食洋不化,你老是食洋不化的话,最后你也没有做出一个自己的学问。相反,你越是 local(本土的),你就越会 global(全球的)。因为人类学本身就是一个解构的东西,你再去弄一个中心的角度出来,不管它是世界的也好,第三世界的也好,跟人类学的基本精神是相悖的。

赖:他们假设有这个观点,world anthropologies 这帮人要有各种各样的声音,就是一盘混杂的东西。

邵:It's fragmenting appeal or agenda rather than an unifying appeal or agenda(是碎片式的诉求或议程,而不是统一性的诉求或议程)。

赖:既然邵老师是 faculty,那您谈谈人才培养什么的? 或者简单来说,您这么多年当老师的体会?

邵:带学生做田野,应该很快地进入田野。不要在那里花很多时间去学很多东西。

奚:我的观点也很清楚。要培养本科生一个比较笼统的不是那么专业的人类学的一个概念。(**赖:**您是说不只人类学专业,而是所有专业?)那倒不一定,还要看着办。但要有这么一个比较笼统的人类学的意识。从这样最低级的——当然我做过的比较多的也是这方面比较低级的,从一开始培养一个人类学的视角,就是怎么样看世界。其实不用钱、不用多的机会就可以开始。这么培养下来,不管是人类学还是做别的学科。我自己在美国读本科时从来没有选过人类学的课就进入人类学的研究所。但我是在做本科毕业论文的时候发现了人类学,知道这个东西的存在,作为一个本科生还可以有这个方法和理论插进去。中国缺乏本科生(培养方面)一个比较泛的人类学的概念。(**梁:**开人类学的通选课?)或者是专业的,不管怎么样。但我觉得通选课不够,还是要有专业的。因为其实也不一定都出来做人类学家,很多 NGO 什么的,很多比较杂的职业也可以用这些(知识)。不一定是人类学,社会科学的其他一些学科也可以用田野方法。在比较早的时候,在你周围有这种田野的训练的话,就不用一天到晚带学生去做田野,而可以让他自己去做。那时培养出来一种比较好的习惯,一下去就不要怕,一下去就可以做。当然在中国也确实有一些特殊的情况。中国的大学生比较嫩,是吧? 这个可以做文化对比啦,但是也无妨做这方面的训练吧。

梁:您刚才讲声音时,想做一个第一人称和第二人称的研究,能不能举一个例子来具体说明一下。

奚：我当时想，李济老师做的是，好像西方的他者在中国就变成了一个比较传统的，类似的不是第三人称，而是第二人称。比如中国对民族、对不同文化，有一些比较明显的差别，但是好像整个的一个路线，不是"他人"而是"你"，是参与性的第二人称而不是第三人称，不一定密切就是好，但确实有点不一样。这是我的激发点，因为现在看来，确实也可以有这样一个概念。

梁：我听得不是很懂。

赖：就是说，比如你是我的研究对象，我在写的时候，是你我的关系，而不是你离我离得很远，是"他"怎么样——他做这个，他做那个。

梁：您觉得中国人类学现在的田野作业怎么样？

赖：可能奚老师不太清楚。

奚：对，我没资格。

梁：您是在哪一所学校任教？

奚：我是加州州立大学洪堡分校。我们学校与北大有交流，交换一年，我是交换过来的。所以不管美国人还是中国人，反正都是我在两边学校的学生。

梁：在你们那边的田野规范是什么样子的？

奚：这个问题其实我已经说了，在我们那边的田野规范是从本科生开始。

梁：它有时间要求吗？

奚：没有一定的，看学校，看课，没有定数。就到了研究生的话，也没有具体的时间上的要求。

邵：田野是很人为的东西。我们假定是一年，我们去研究农耕社会的时候，我们所有礼仪都得看到，一年当中真不能出来，你真不能够忽略。马林诺斯基在那儿待了两年，然后我们做一年。其实现在来看，我觉得田野的话，无处不在，随时都可以进行。一旦换了一个角度，你马上就到田野里去了，很多事情都是零零散散收集出来的，我觉得二十四小时都在田野里面。我们不能人为地就划定，现在从这一刻起我们就进入田野。进入田野其实很多时候什么事情都做不成，而且你在那里得待很长时间。你也不能一天到晚拿着笔记本去问。基本上你去一个村子里面，等你把所有的隐私都挖出来了、你可以成为妇女主任的时候，你才有资格说话，要不然各路的 gossip（闲言碎语）都会跑到你这里来。

从教学来讲，因为我每次教课时不喜欢重复，每次换一个东西。我上三门课：基础课、医疗人类学和语言人类学。基础课也是每次换不同的东西，因为再要我重复来看类似的东西,我看不进去,也没意思。医疗人类学因为班比较小,就五六个人、六七个人,基本上每次都把它做成一个 Research Workshop(研究工作坊)或者叫 seminar(研讨班)。第一次就是因为进南大,要我查乙肝。① 我说,"哎,还有这样的事情?你怎么不查艾滋病啊?我得艾滋病的可能性比得乙肝的可能性大得多"。顺着这个,那次课就完全围绕着中国乙肝的现象来讨论。实际上开课时,我们一起在做各种各样的研究,包括对电线杆上的那个假的老中医的东西,我把学生派出去找到那些野路子医院。一去马上就被试出来了,人家说你是记者。医疗人类学可以贴在上面,跟它有关系的可以让学生去读。没有关系的、关系不大的,只要点到了以后,你在做那个研究的时候你再去读。第二次(关注的)就是抑郁症,这个其实完全有一部分是历史的,因为它(涉及)从神经官能症到抑郁症的变化。把凯博文(Arthur Kleinman)的学术生涯拿进来作为我们研究的对象,因为他正好在从一个精神病医生转向到所谓的对 human suffering(受苦)的那种关怀,这个转变正好是美国的精神病学出现危机,《精神疾病诊断与统计手册》第三版、第四版出来的时候。他以前在老的湘雅做的研究正好是写给美国人看的。他的结论很简单,他打出一种反暴政、反集权的腔调。在他的《疾病的叙述:苦难,治疗与人文条件》(*The Illness Narratives:Suffering,Healing,and the Human Condition*)这本书里,他说"文化大革命"的时候残害了很多人,不少人会得抑郁症,但在中国精神疾患是被污名化的,所以最后就被躯体化(somatized)而表现为各种疼痛症状。他说,按照他的诊断标准的话,应该都是抑郁症。这应该说是历史上的一个转折点。你再去看现在医药业和大众传媒对抑郁症的宣传,把现代社会的生活压力作为这种病产生的理由,于是就会有像崔永元这种的代言人出现。你去观察这些现象时,一个是从学理上面去观察,一个是从社会变迁上去观察,一个是从商业的利益去观察。观察以后产生出来的是中国以前所没有的、完全是一个文化的现象,这就是抑郁症的产生。正好那一年汶川大地震,你看,所有学师范的那些人都跑去跟人家做心理咨询。其实那都是胡扯,因为按照精神病学来讲,属于 complex bereavement(丧亲综合征),根本就不是抑郁症。恰恰是在回龙观搞自杀预防的这个人 Michael Philips,我们本来是要去找他的,我想安排一个学生到汶川去,正好那个学期的课就是讲抑郁症——the emergence of

---

① 邵京老师去南京大学工作,体检时要检查乙肝,他觉得很奇怪,发现中国有乙肝歧视,于是在网上追踪,有一个肝胆相照的网络社区做了很多工作,他穿上"马甲"跟他们聊天、交朋友。

depression as a new clinical category(抑郁作为一种新的临床诊断的出现)。我说你派人去干什么,他说 listen(倾听),不要在那儿胡说八道,你倾听就是最好的,还用解释?这恰恰跟我们学院化、学术化形成很大的反差。这个东西没有做成,因为汶川最后弄得很紧张,谁也进不去,然后就作罢了。接下那学期的 medical anthropology(医疗人类学)就变成了 anthropology of the body(身体的人类学),用了很多什么减肥、消费之类的内容。

这样上课不是要传输前面讲的那个 cannon(经典)跟 cannonization(经典化),我的做法是绝对反 cannonization 的。跟传输一套你可以拿去用的理论,完全不是一个做法。最后你是采用人类学家的方式去读理论、读哲学、读女权主义的。一门课最后你是 show and tell,tell 的部分其实不是很多,而 show 的部分就是我们这个东西怎么做、做给他看,我们大家都不高明,我们一起做这样的东西。比如我要再开语言学、人类学的课的话,我就可能会把互联网作为它的主题。这学期的语言学人类学课我就用了维拉·戴斯(Veena Das)的《生命与言辞》(*Life and Words: Violence and the Descent into the Ordinary*)和欧内斯特·盖尔纳(Ernest Gellner)的《语言与孤独》(*Language and Solitude: Wittgenstein, Malinowski, and the Habsburg dilemma*)这两本观点相关的书给学生讨论。这样做,你给学生的永远不是一个结论性的东西。其实我在美国教书的时候就有这个毛病了,最后大家觉得我两脚踩棉花。有一次我上宗教人类学的课,给本科生上课,上完课以后,有一个学生,很大的个子,黑人,他说,"Professor, what's religion of your race?"(教授,你的种族信仰是什么)race 是只有他才能够说出来的一个字,我说,"Do I have one? Do I have to have one?"(我有吗?我必须有一个吗?)我觉得这种不确定性恰恰是我们能够摆脱我们自己所谓文化的束缚而去获得某种 intellectual insight(智慧的洞见)或 discovery(发现)的前提。如果我们把包括学术在内的思维排除在我们审视范围之外的话,我们已经不够人类学了。这跟那种绝对的文化相对主义(the strong version of cultural relativism)完全不是一个样子。

我们应该非常能够感觉到我作为人类学家的存在。我以前经常把学生带到我的田野场所去。有一次非常有意思,当时我给她们每人一个 nickname(绰号),一个叫 City Girl(城市女),一个是 Country Girl(乡村女)。都是中国人,差别却很大。City Girl 觉得什么都很新奇,发现了这么多东西。而 Country Girl 去了之后她知道怎么不怕狗、怎么走黑路,她觉得这个东西有什么意思吗?同样是到农村的一个田野里面去,这两个人的反差就这么大。其实就我自己来说,我觉得我对农村是比较了解的,我插过队,但我不觉得我完全是一个农村人,所以我正好是一个边缘化的人。我会对很多东西感兴趣,但我不会对什么东西都感兴趣。我去了之后绝对不会整天在那里玩手机发短信,觉得周围没有让我好奇的东西。人家一讲话,我就把耳朵竖起来了。那么,尤其在本土做人类学研究,要非常有那种感觉,就是,我们一定要从我们原来习以为常的非常熟悉的生存状态里面摆脱出来。你给他上埃文斯-普里查德,你给他上五花八门的萨满教也好,不管什么离奇的东西,无非是要他们认识到,自己其实也是离奇的。有这样的感觉后,你才会看得懂。要不然,你熟视无睹,看不见这些东西;要不然,你把什么不值得看的东西都给它加上它本来没有的意义。我觉得这可能是教书能够解疑的。人类学的教学跟其他的理科不太一样。我觉得很大程度上是师傅带徒弟。我很难把一堆现成的知识给你。本身它的对象就是观念,而不是社会结构、社会功能。它是人脑子里面的东西,人脑子的东西它进入人脑子,所有的人脑子的东西都应该对象化。我们这样一种泛对象化的话,我们至少可以说我们没有暴力。

梁:像您说您学生去做调查时还被以为是记者,我们同学前一段时间论文答辩时也被说成调查不够深入,像是记者在访谈一样,您觉得应该怎么访谈?

邵:就是不访谈。(赖:对。)绝对不访谈,除非是到了最后需要核实。我访谈的话可能都是在最后才有选择地去做,你首先要去生活。(奚:访谈是最后,这已经是常识了,不管社会学、人类学都是这样。)前不久关于社会主义新农村,作为社会实践,一些老师把学生带到几个著名的村子里面去,其中一个就是南街村。学生去了南街村而且做了很多问卷,问卷还统计,统计完了以后还……因为南街村我特别了解,而且我去南街村根本不是外面带进去的。我是直接与跟他们业务有关系的人或给他们订单的人联系,去了之后看到的是一个外面看不到的南街村。一个学生做了这些东西,最后做硕士论文的时候,我就跟他建议,你把这个调查作为研究的对象。你过年的时候再去村子里面,就住在他们那里,不要住在他们旅馆里面,然后你能找到一些线人。比如说,南街村的一个大学生很想考研究生,然后你跟他套近乎,过年你就去,去了之后你就住在那儿。因为过年最好,一过年,你这个感情的话就不一样了。我们人类学家非常卑鄙,玩弄人家的感情。你就过年的时候去,不要在乎没有跟父母一起过年。去了之后很简单的一个问题,你就比较这个前台跟后台。你的第一次研究是真实的,第二次研究也是真实的,你的结论是针对社会调查方法的一个结论。像类似这样的情况的话,我们现在很多社会调查,都是一堆人在那儿访谈。人家已经被你训练好了,知道你要人家怎么说话,你的结论是 artifact of research(研究的人为缺陷)。比如音响里面产生出来的噪音或照相的时候数码相机里面出现的噪点,我们叫它 artifacts。它跟你现在研究的对象没有关系,the reality is created by your research method(现实是被你的研究方法生产出来的)。如果结论是 artifacts of research 的话,我们再换一个,我们最后也是 artifacts of research,但是不同的两个东西可以参照。这样至少对我们的研究方法产生一个反思。

最近我在那个地方搞了一个很奇怪的东西,就是学生研讨班,但是教师也可以参加,一定不要论资排辈。发言的时候你是做一个报告,你把你的草稿拿来作为你的研究让我们讨论,我叫它"莫斯谈"(Marcel Mauss)。这个莫斯谈,其实就是开玩笑。因为中国有一级学科和二级学科,社会学是一级学科,那么它是迪尔凯姆,我们是莫斯,就是侄子,我们是侄子辈的。有一次请来某大学刚刚出炉的一个博士,他讲拆迁当中四种不同人群的认知模式。一个是物业方,一个是政府方,一个是被拆迁方,还有一个什么方,搞糊涂了。像这个研究的话,我说你怎么做田野;他就说,这些人一去,去了以后找几个人谈一谈。你后面跟着老虎,前面就没有人跟你说话了。他说出来的话,我想基本上不外乎他们的原生态是多么的好,他们住的云南的什么楼,底下闻着猪的臭味,吃饭都吃的香,好像原生态的人、少数民族非常留恋他们原来的原始生活方式。我们不能说不是,我们也不能说是。但是他这个话明显地是说给你听的,说给你听的用意呢,我做一个猜测,可能是你给的钱不够。你把它拆迁过来以后,农民不愿意失去土地,你去的话,他们跟你说话,说的是有鼻子有眼的,然后我就不问这个问题。下面这个问题,所有的人都给你回答这个问题。大家都处在纠纷当中,大家都知道怎么对付外面的记者。他们不可能一天二十四小时设防,总有说漏嘴的时候。说漏嘴的时候,你就慢慢地搜集,那个是非常花工夫的事情。它给你的东西,如果不合逻辑的话,你就不能够把它接受下来。(奚:或者太符合逻辑也不行。)对,太符合逻辑也不行。你回来以后写出来,然后你要慢慢地去总结,往往很意外的时候,突然出来一条线索。之后,不同的人要不同地去验证。你把这个场景给他,看他怎么讲。有时候真的,他给你的话,他自己可能就觉得不真,有时候跟当时的情形很难吻合,这时你就得花点工夫。这还是人类学最基本的所谓的参与式观察。但对参与的要求非常高,到了人家已经忘记你是一个嗅觉很灵敏、在这里找东西的人时,才会做到。

赖:有好多国内老师就认为,国内给的调查时间太短,你还达不到那个程度就得走了,这也可能是很多学生下去就着急搜集材料的原因。

奚:还有方式,这个中外都一样吧。因为我们行政管理层,都觉得问卷和访谈比较好,你要资料你就问啊,这是很直接的,生活在现代社会的人会觉得是理所当然的事情。但这个是倒过来了。你要是真正拿资料的话,应该是相反,应该是最后(再做问卷或访谈),这已经是解构起来很厉害的一个方面了。

邵:或者说你在调查时给人的感觉,你是在问一些事情,其实你的用意根本不在那里。(**奚**:对。)这个我想任何社会调查的方法里面都会讲到。Your data should not be contaminated(你的资料不应该受到污染)。这个基本的统计学里面的东西也是这样。你一旦进入双方的一种不谋而合的话,你的 data 已经 contaminated(被污染了)。

梁:刚才说到 closet positivist,不出柜的实证主义者?

邵:因为前一段时间不是后现代主义甚嚣尘上吗?弄得大家都不敢说我还很重视经验研究,我们只有文本、文本批评、自我批评。(**奚**:对。)(**赖**:搞得太过了,说实在话。)说帕森斯太 positivist 了。但自己心里其实做得还是非常 positivist。

梁:是迪尔凯姆意义的实证主义吗?

邵:迪尔凯姆首先确定的一个东西是社会事实的客观性。从这里后来出来的就是功能主义里面讲的。你去看拉德克里夫·布朗,他对这个东西表述得淋漓尽致。我们要找到的一个东西是一个不由个体意愿意志转移的一种社会事实。只有你把这个东西描述出来以后,才是研究到、抓到真的东西了。要不然的话,都是任意性的、跟意愿有联系的东西。其实当时迪尔凯姆的参照是很奇怪的,就是语言。这种最经典的社会事实就是语言。生不带来,死不带去。你不能发明一个东西,你不能改变一个东西。其实这套东西放在当时的历史环境里面,可以用人类学的方法去考察它。我们可以说,为什么当时可以出现这样的客观性。这个话题比较大,做政治史的米歇尔·福柯把这个东西说得很清楚。再到后来,我觉得,像帕森斯和爱德华·希尔斯(Edward Shils)这些人其实是 establishment intellectuals(机构知识分子),他们很多的言论和理论跟当时的政治主流是非常一致的。在后现代里面对他们的不满肯定多少有一点说他们是为权力服务的意思。(**奚**:对,绝对是。)这样,我们才会把 positivist 作为一个贬义词。

positivist 另外的一个意思就是,因为它的思路是科学的思路,它必须要有一个非常听话的对象。如果被研究对象是人,他不听话的时候,positivist 就是一个比较无力的词。从这个意义上,可以说跟迪尔凯姆有一定的关系。反过来讲,其实有一个概念,又是一个德里达的词。他在评言语行为理论(speech act theory)里面,有一本书是 *Limited Inc*,其中的第一篇"Signature Event Context"(签名事件上下文)是他跟约翰·塞尔(John Searle)吵架的一篇文章。他故意说了一些不合常理的话,他说 writing comes before speech(写作在说话之前出现)。其实很简单,就是说,我们现在所有的人讲话,我们永远不是讲出一个新的话来,跟迪尔凯姆是一个意思。他用的词叫 citationality(引语性)或者 iterability(复述性)。这个时候就是说,是"我在说话"呢,还是"话在说我"这么简单。其实很大程度上还是"话在说我"。如果我们的研究最后是"话在说我"的话,那么它就是一个不自觉研究的或有欠缺的研究。在这个时候你要表现出来不能让"话来说我"。其实反抗的力量是很小的,最后的反抗就是不用你的话说。不用你的话说,最后你的话就不能被人家所理解,你就变得非常的晦涩、非常的怪,变得像法国后结构主义那样非常奇怪。你会说他怎么这么绕口。他是没有办法,因为他对语言有着高度的自觉。用了你的话,他左右为难,手脚被捆起来;他没有办法,只能用一些人家没有说过的话。从这种意义上,这是一种表演。所以,从这个意义上来讲,其实这种看法不仅仅是人类学领域的,而是社会科学或者人学里面都会有的一个共同的东西。

奚:我在北加州做了一个课题,印第安人已经很明白"话在说我"的情况,玩的一种符号学。现在又要把这个话说出来,而且我就用你的官僚、你的行政,最后他们做的一个课题是修路——用州政府修路的政策申请国家的钱或者向其他的机构申请钱,再到自己的土地上用。其实很自觉。本来这个行政机构、我们保留地的政府是强给我们的一份活儿,但反过来在用,好像我们现在讲的话语最基础的就是经济、经费,所有的都得向乡政府申请经费。不是拨款,而是用自己课题的一些优势来申请这钱;玩得过县政府的,同样要申请这笔钱弄成自己的,把这些符号当作自己的一个表现。本来怎么玩法,谁都控制不了。县政府、州政府都控制不了。迪尔凯姆的框架是比人大,但这不意味着不能玩儿。

赖:好像二位都准备了会议上要讲的题目。

邵:当时我要去开一个应用人类学的会,正好就说两件事情一起做。大致想了一个,"the uses of anthropology or making use of anthropology"(人类学的用处或应用人类学)。我想从应用人类学这个角度来理解这个会的主题。我有一次上人类学理论课,主题就是 the relevance of anthropology(人类学的相关性)。"人类学有没有用""人类学有没有关联性",这些东西都是非常不确定、现在在想、没有想得太透的事情,可以讨论吧。其实对我来说,可能做田野最大的收获就是,你不能够以人类学家的身份去做田野。(赖:他们也不明白人类学家到底是干什么的。)对啊,这么大口气,研究人类?你一定要依托于一件有用的(事情),你的身份必须不是人类学家(out of an anthropologist)。所以这个时候对于田野来讲的话,人类学是副产品;而去做一件事情的话,你才 feel more anchored(觉得更扎实)。That's the reason for you to be there(那是你在那里的原因),而不是说"我来研究你",我有什么资格研究你?田野当中去发现的话,无非就是在做其他事情过程中的一些感受而已,而不能够说我就去研究。大概现在就知道这些。

梁:刚才讲 closet behaviorist(不出柜的行为主义)是怎么回事?

奚:行为主义者。我们上课也讲了,从斯金纳(Burrhus Frederic Skinner)的角度讲的话,行为主义就太傻了;但从奎因(Willard Van Orman Quine)的角度,有可用的地方;在哲学层面上,它并不是那么简单。因为语言人类学那条线索,从奎因和皮尔斯(Charles Sanders Peirce)等,其实实践在很多方面是以行为作基础的。我的意思是说,有的时候不是那么哲学,就比较简单地以行为作为一个切入点,所以人家就说你做得太傻了。比如斯金纳那些人就说把人都消灭掉。

赖:我很同意您说的,做田野实际上只是一部分,很大一部分是在那里生活。不过因为我同时也在做一个 NGO、在一个村子里面建图书室,我就发现在这样的事情上分化很严重。我在做这件事情的时候,我绝对不是一个人类学家,而是一个 activist。这是很有意思的一个经历,虽然也是尽量去听人们怎么来说这件事情,但是我必须要有我的立场来做这件事。实际上是很矛盾的,因为这有点不符合人类学的精神。

邵:对,你必须得放下人类学的架子。这个事情要是放在我自己的思考当中的话,应该来说,这其实是一种出卖。因为什么呢?我在那里是在做一个抗病毒治疗的依从性培训。那你站在谁的立场上说话?那我管不了。我现在知道是怎么做,知道现在就这个玩意儿能救命;他们照他们的搞法的话,耐药性就会产生。这样你所有的这些顾虑都得放弃,但你在这样做的时候又会觉得非常矛盾和无奈。也就是说,你刚刚弄好了一件事情,然后马上你觉得一点效果都没有,之后你觉得我在那里自作多情干什么,但是这个过程恰恰又让你从一个非常特定的角度发现了一些大的问题。那这个时候,你做出来的人类学本身,都是当时在做这些其他事情的时候,是微不足道的一个很小的部分。突然一下子牵入人类学写作,有那么个东西的话,其实当时你做的事情全部都是事务性的,要不厌其烦地去做一些很琐碎的事情。但只有那样的话,你在那里的每时每刻都是有身份的;要不你在那里晃来晃去,谁要理解?

奚:我觉得不矛盾吧。我觉得人类学家做的事情跟人做的事情一样。

赖:我觉得矛盾的地方是在于你必须得采取一个立场,人类学家是尽量听他们怎么来解释。

奚:人类学家是没有立场的吧?

赖:尽量是要把它放在一边去。(**奚:**我当然理解你的意思了,但是我觉得……)我觉得,写作的时候肯定是有立场,那个时候不可能没有立场。但你在做田野的时候,一般来说还是尽量地……比如说做图书室。村里面人会说,"我们年轻人都在外面打工呢,我们老的眼睛都花了,我们看书干什么,有什么用";有的老人会说,"哦,挺好的,村里有好多小孩子,我们实际上不好带他们小孩子"。各种各样的观点。简单来说,因为我的参与,我们这个组织的效率变得非常低。怎么讲,有的时候我自己会反省,觉得是不是应该往前推进。还有就是,我们要求的立场肯定是,不但是平等,甚至还要更高点。大家都是人,对吧?(**奚:**对。)正是这些人,他们好像很害怕,就觉得他们是有局限的,他们的想法是不充分的。但这个事情确实是这样,有的时候犹豫要不要采取这样的立场。

奚:对。我觉得做人的这种犹豫非常可爱,不管是做什么。我印象最深的是我们在法国的时候,遇到一个女医生,红头发,她本来做避孕套。(**邵:**她很有名,是伦敦大学非常厉害的一个流行病人类学家。)她就一方面在做她非常大的一个策略性方案,同时她一直在怀疑"我这样做对不对"。(**邵:**她做一个很大的 policy study 政策研究。)我们都受她影响,她一直每一步、每一举一动都在怀疑。(**邵:**很有名,但是非常害羞,有意思。)她的例子就是说,你在做应用或者在做积极的 activist 的时候,难道自己没有怀疑吗?有。作为一个人类学家,难道自己没有立场?还是有。两边当然有一个程度的、方向上的差别,但基本上是一样的。

赖:对。因为从 closet positivist 来说,大家都一样,基本上有这样的立场。那你要做到这个,就是得有一定的距离,你才能看。做一个学术研究和真正参与到里面去推进,不可能兼顾到全部。这样的话是有矛盾在里面。

邵:可能最后的这个距离和分歧是在田野以后产生的,而在田野里面的话就顾不了这么多了。常常会有这样的情况:你了解了一件事情以后,你已经把它分析得你觉得自己很满意的时候,你还吃不懂它,你还再回去、反复地田野。这样的话,我觉得,positivist policy come from repeated doubting and questioning your conclusions(实证主义政策正是出自不断地怀疑和追问你的结论)。其实做的时候,不太想这些东西。(赖:对,是的。)我也知道我做的事情很难做到中立。然后就在那里做,顺便捡起来当时看起来很不起眼的一些小的事情,反过来给你很多的启发。你从一个很小的事情得到十分关键的启发,因为我觉得这样,you are not going there with a set of questions(你不是带着一整套问题去到那里),而是说你像海绵一样吸收了很多 garbage ethnography(垃圾民族志)。很多这样的东西,一大堆。而你的问题是在哪儿,是这样子出来的,when you are in a dialogue with academic world,then you reacted the latent facts that would make a difference in your interpretation(当你在与学术界对话的时候,你会对那些潜在的事实作出反应,因为那些事实会令你的阐释不同以往)。而不是问卷中的第一个、第二个问题,然后他们给我答复,我拿来就直接写出来。笔头要勤,记下来,当时是什么感觉就是什么感觉,回头你一看,我当时是这样看这个事情,"哎呀,噢"。我觉得是这样一个过程。很多时候对所谓"素材"的反思,是在离开田野以后,当你遇到一个跟学术有关的问题、重新 frame 它的时候,它们之间的相关性才会出来。

奚:the limits of awareness(意识的局限),就是这么回事。都有想得太多、什么都想的时候。

赖:学科伦理方面呢?这主要是一个规范。因为听高丙中老师说,在做田野的时候,在美国肯定有 IRB①。(奚:对。)在中国没有这方面的要求,很多时候很松散,很多人不告诉对方就悄悄地把音录了,或者把材料泄漏了,这就是为什么要在做田野的规范方面进行讨论。

邵:这个 IRB 有点假。在美国,它并不是为了保护 human subjects(作为研究对象的人),而是为了保护学校,不要给学校惹麻烦。我们不要把这个东西看得太天真了,好像美国这么做,注重人权保护。这是第一个,就是说,它恰恰是一个 American ideology(美国的意识形态)。在当时的环境里面,它这样说,它说的和它的用意并不是一致的。

这有一个文化的东西在里面。其实美国的很多人拿了 grants 过来不知该怎么下手。而且我们的法律和制度是有意地模糊;它要打你的时候,它就用上;它

---

① IRB, Institutional Review Board 的简称,该机构要求采访征得被采访人的知情同意(informing consent)。

不打你时,比如社会科学研究,一定用统计的怎么样,弄得美国的这些学者过来以后不知道该怎么办。

其实你要对得住你自己的良心。到时候你要采访人家,你要他(她)签一个名,马上就把气氛全给破坏了。如果我们在那里生活了,必定有很多东西都会跑到耳朵里面来。其实我的原则基本上就是以前希腊的那个希波克拉底誓言:Do No Harm(不伤害)。在这方面,我觉得我是做得非常认真的,以至于很多东西我都不会在这里写。到目前为止这些人还活着,我也不会去讲,很多细节不可能说的。因为我们关心的不是事件,而是观念。观念我们可以讨论,我们人类学永远可以讨论观念。没有必要把具体的那个细节说出来,也不能暴露给别人,不能伤害别人。就这么一个很简单的东西。

如果我们因为什么利益的驱使或者因为我们自己的目的去妨碍人家的话,就会惹出很多的麻烦。因为我们的访谈对象和研究对象他们很清楚,他并没有把我们看得那么高尚。因为说穿了,你别以为你是在那里为受压迫的说话,你明明是在经营你自己的学术,对不对?你拿出去以后,你是拿人家的东西。这种交换是非常不平等的。

奚:当时是有一个概念——"当地主持单位"(local host)来说怎么解决美国学者到中国做调查的。其实也挺好做的,因为当时的情况已经很清楚了——外国人到中国去,一定得有一个单位,研究有一个导师。当时是正儿八经,但现在整个系统基本上放假了。就比如说,我的研究给他看,其实他也不怎么看;好几次有人给他打电话,就说我去做访谈,人家会跟他联系,他会再跟我联系,也跟我讲是怎么回事。当时是挺理想的,但我很难想象现在会做到这样。

赖:是,现在可能就随便了。

奚:少麻烦了。你自己负责。(赖:对,都怕担责任。)对。现在承担责任变得非常敏感。谁都不愿意承担责任。那其实以前一样的,不是打官司啦,但……

赖:但有一个隐形的限制——如果你没有在中国的一个身份或单位,你去做研究的时候很难,不容易做,他们会问"你是从哪里来的",会不相信你。(奚:对。)这也是一种必须得有的一个东西,让他们觉得到关键时候可以找借口,是一个潜在的技术。(奚:对。)不过像邵老师说的那个,我在村里做研究的时候,只要我一录音,他们就会很小心。而且有一次我们开会讨论"三年自然灾害"的时候,第一天那些老人,他们还说,第二天他们就不想说了。里面原因很复杂。一个是当时他们自己互相之间有不同的利益关系,还有就是他们现在老了,回忆那段往事太痛苦了,他们不想回忆。

奚:第一天和第二天差别很大,是因为中途他们私下商量了吗?

赖:肯定是这样的。比如第一天他们讲完以后,他们有人就说,"哎呀,我们还是应该小心啊,那可是有录音的",这样有的人可能就不来了。

奚:对,说的好。我经常有这样类似的经验,就是说,开始很积极跟我讲话,后来就是要想一想。

赖:还有一个有意思的另外的反应是,会有村民给我出主意说,"你以后录音就藏起来,放你口袋里面"。

奚:还有,有时候就说,"你怎么不录啊,真是",呵呵。

赖:"开你的录音,快录,快录!"但确实没有录音的话不太好做,是吧?

邵:好做。我觉得录音没有多少用处。录音就是最后你想偷懒、不想写那么多笔记的时候,就可以把录音笔拿出来。其实真正的交谈当中,很多场合下面,稀奇古怪的事情简直太多了;照相机一甩出来,笔记本、录音笔一拿出来,整个你就别做了。你就在那里好像没有什么目的一样,反而非常好。

所以,你说的这个道德问题的话,我觉得不是一个……因为 Institutional Review Board 本身是一个为 clinical trials(临床试验)设计的,是从那里面出来的,弄到人类学的话,其实有一点放不上去。但是如果我们在提出问题的时候,我们本身的诉求和我们研究对象的诉求有某种共鸣的话,我觉得在很大程度上面没有必要去找那个闲事,而是在真正的实际层面去怎样不要出卖别人。我们可能有的时候会有我们自己的道德判断,好的坏的,好人坏人。

有一次录音是我最难受的一次录音,就是一个血头①。他自己是艾滋病,他老婆也是艾滋病患者,已经发烧了。当时到他卧室里面看见他的时候,从他非常干燥皮肤的脸上,流下来两道眼泪。这是很聪明很厉害的一个人,是一条汉子,在村里面受到孤立。他愿意录音的话,是因为他也知道他活不久,想留下一个他的说法、他的良心,所以他愿意录。你这样做就很矛盾,你是跟着别人一起去谴责血头、把血头作为一个对立面吗?其实血头是整个生物链的一个环节,他根本就是一个 bottom feeder(底层的给料员),他本身就卖血,本来就是一个受害者。像这样的录音,现在还在,也没有用过,不可能去用;现在也不听,懒得去听,因为一听就难受。现在眼睛一闭就想得起来当时的情景。这都属于 garbage data(垃

---

① 血头是指非法组织他人出卖血液,以从中牟利的人。

坂材料),太多了。但这个东西我觉得它对你民族志的书写还是有影响的,尽管可能不是直接的。

赖:对,它是有影响的。那你觉得到底是要一个规范呢,还是因人而异?

邵:不要规范,入乡随俗。但是你自己要把握住。我们已经在利用人家,然后你在利用人家的时候绝对不能伤害人家,这个我想是一个底线。

赖:我有一个比较极端的看法。这是开放性的,不一定我真的是那种看法。就是说,可不可以这样讲,就像刚才奚老师说的,大家都是在生活。比如这个村子的人,他们一直在接受外来的影响,各种各样的人,人类学家的参与只是一部分;它天天都有这样的人来,人来人往。(奚:对。)我的意思是说,真的是在不公平地利用他们吗,还是实际上现在就到了是在利用他们的程度?当然理想地来说,人类学家是可能对这个村子有点帮助,虽然我们并不一定这样。但就是说,这不过是一直在开放的流动的过程。(邵:对。)不一定非要说,他们是被利用的,我们是在利用他们。(奚:对。)

邵:对。有时候你会很意外地发现,你是 irrelevant(无关的);然后你自己会感觉很好,you are helping(你在帮忙)。因为你觉得,"我是跟着非政府组织进来的,我跟政府不一样"。然后你过了一段时间再回去,"哦,我记得你,你是给我送被子的那个",我说"不是,我是给你送奶粉的那个",把我搞得跟政府是一回事了,我没有送过被子。你当时突然一下觉得,根本不要把自己看得太重要。我觉得这个是比较有意思的。

赖:这可能是另外一个话题。我发现,比如我回到村子里,他们记得最多的,不是我是当时过来做研究的那个人,而是建图书室的那个人。

邵:对。但最得意的就是,他会说,"你回来了"。就是到了大站以后,从小地方再到小地方的那些小旅行,你在那些车子上坐着的时候,人家会说,"你是过年回来的,你出去多少年了?"那种气氛,我觉得是非常好的。其实我最恨人家说河南人不好了,因为其实河南人真的好到极点了,很自然地就让你觉得他们不排外。

赖:对。上次我回去时,我都一年没有回去了,后来在村里住了一段时间,我要去县城,住在县城一个招待所的宾馆里。但村里(那个)我住在他家里的叔叔说:"你住县城多不方便啊,你天天回来住吧,住宾馆什么都没有。"(邵:他们就觉得在家里住好,搁家里住。)我们自己想象他们会觉得,"哦,你去住宾馆了,条件多好",可是他们根本不觉得。(奚:可怜,住宾馆)。对。

奚：而且，就比如说，你们今天要是访谈以前拿出来一张纸让我们签名，说什么我们是自愿和你们谈话，这像什么话啊，美国学生经常会犯这个（错误），摆官腔啊，是吧？

邵：按照那个搞法的话，根本就没有办法做，每个人都去发一个 consent form（同意表），让人家写完，然后再……不可能的事。［**赖**：现在好像可以 oral consent（口头同意），不会让你签字，那个太过了，人们肯定也害怕。现在就是口头上说一下。］因为生活处于一个流的状态，你从中间切出来这一块儿，说这个就是田野，非常的机械。

梁：邵老师，您觉得中国田野作业的现状怎么样？

邵：集体田野还是很难的事情。现在培养学生很多时候是建立一个田野基地。学校跟某个村子建立联系，我们给人家加一个什么头衔，然后带学生去，反复地做，这个可能是中国特色的研究吧。因为有边界的田野的话，我觉得，首先不太符合人类学的精神，再加上一群人去了以后，带着事先准备好的问题，这个跟我们以前搞民族识别时差不多，你去做经济，我去做亲属制度。这些框框，你已经有了的话，那这种研究太封闭，它得出的结果一定已经在原来的框架里面；已经设定好了以后，你就很难把其他新的发现写出来。因为你已经带了这么一个框架，一个社会怎么样，最后怎么样，亲属制度、文化比较、经济这些东西。你按照这个思路去的话，出来的东西一定是很大很全，一定是没有太多的让人心跳的东西。

梁：那怎么说有边界的田野不太符合人类学的精神呢？社区不都是有边界的吗？

邵：这个边界不一定是地理的。你说我 village studies（村庄研究），我就去做这一个 village。我把这个 village 做一个普查，然后再把普查拿去分析。这套东西究竟有多少意义，真的很难讲。（**赖**：这个边界是框架。）因为可操作性很强，但你自己就把自己给框死了。因为很多东西你带着很明确的目的去的话，多数时候出来的是你原来想象的那个东西。

赖：前一阵我才知道，国内很多人类学博士生是先做田野回来开题，开题和答辩基本上都挨着。大家还在争论，你去田野之前是不是应该有一些问题。比如我们接受了培训，但还是开放的，到下面你可以去实施。但很多时候他们都已经下去做完田野回来了，脑子里面很乱。我跟很多学生聊过，就是事情太多了，不知道怎么办，那时候他们才开题。

邵：我觉得开题是一个靶子。因为你根本不知道那里会是什么样子，但开题给你的一个东西，就是你知道怎么样去找问题，你知道怎么样跟学术对话，你知道怎么样把它做成一个样子。You are not legally or morally obligated to carry out what you planned to do（在法律上还是道德上你都没有义务一定要去照着之前的计划来做）。你这是排练，去了以后究竟是什么样子的话，这个排练给人比较好的一个基础。要不然你去了以后，确实完全有两脚没有落到大地上的感觉。其实最后都要重新提出一些问题。

但我记得我当时做那个事情时，完全是开始时讲的是一套，你去了之后随便变；写 grant proposal（经费申请书）的时候，没有人叫你必须跟原来一样。我觉得这恰恰是我们 funding structure（资助结构）很大的一个问题。因为我们的某些基金啊，我们这些东西的研究啊，实际上是他给了你钱，叫你说他要说的话，借你的嘴去说话。你去看，某些基金的招标全是结论性的东西。既然结论性的东西你已经知道了，你何必叫我去做呢。完全是这样的东西，它不具备足够的开放性。

而从这一点上来讲，我觉得，恰恰是人类学本身有它自己的独立性。人类学作为一个学科的话，不仅要有学科自觉，而且要有它的独立性。你不能说，某工程已经搞了一个东西了，人类学已经有什么名堂了，然后我们再去做，这个很难做出来一个有意义的研究。还不要说这个学派、那个学派……这个很奇怪。学派又不是你自己先想好了以后就弄得出来的东西，而是大家在做的时候提出来一些看法以后被人家认为是一个学派。学派不是设计出来的，而是自生自灭出来的。开题很重要，开题看你会不会做，至于你做什么那是你去了以后的事情。毕竟我们还是讲客观嘛。你不能说，你想好了是什么东西，人家就是什么东西。那就是演戏了。

我觉得，这整个问题都讲到规范或正规，也就是 discipline。Discipline 从"学科"又可以翻译成"规训"，这种冲动是从哪里来的？我倒是对这个问题比较感兴趣。Why are we so preoccupied by the need for discipline in its full ambiguity（我们为什么如此在意那自己本身就充满矛盾的学科需要）？规范是做给谁看的？如果我们引用西方做所谓的博士研究里面很好玩的一句话——"What is your contribution to knowledge?"（你对知识的贡献是什么），如果以这个为目的的话，we are not trying to build a discipline, we are trying to contribute to knowledge（我们并不是在构建一个学科，我们在努力为知识做贡献）。如果这样，我觉得所有这些诉求都有不够自觉的方面。我有什么资格定出来一套规范让你去做。Everybody is equally capably of discovery（任何人的发现能力都是同等的），都有他自己特殊的与现实或社会现实的接触面，而我们都把它统一了以后，就跟鸡下蛋一样，结果下出来的都是一模一样的。下了一百个蛋，看一个蛋，破开了以后，偶尔才会出现一个双黄的。

赖：我认识的一个画家说，"就像作画一样，怎么都得有一个画框，除非你随便画；但在画框里反而可能更激发你的想象力、你的发挥度"，这个可不可以拿来作为一个比喻，想象它要有这么一个东西？我很赞同你说的，人类学把人变得边缘了。我觉得我的生活态度也是这样的。但可能高丙中老师他们想的是，比如培养学生要有一个流程，要真的在中国社会科学界立足的话，还真的需要一个框来给人家看。说白了就是给人看的。

邵：对，这个我一点都不反对。因为我觉得我常常会害人家，把本来简单的事情弄得不好做了。我开过一门 ethnographic method（民族志方法）的课。当时我用了很奇怪的一本书，作者是法国的一个 ethnomusicologist（民族音乐学家），在意大利沙丁岛上采风兼做民族志。他去做当地民间集市上面的音乐表演，书名叫《萨丁纪事》（*Sadinian Chronicles*）。他的每一个篇章都是一个 vignette（小品文），而且每一个篇章里面有它的质感。这本书还附了一个 CD，它的质感就来自于它给你的音乐。它没有一句理论，这很像《乡土中国》，但从这个里面可以解读出很多理论的东西来，但他没有去说这些东西。我觉得害人的地方在于，你让他尝到这个味道以后，他就没有办法再来老老实实地写一个文献综述那样的东西。从学科建设来讲，这个是我 completely outside the discipline，我们站在外面；要伸张我们学科价值的那些东西，我们必须有一个 discipline，这个时候我们是 language is speaking us（语言在说我们）。We have to use language of power in order to have full power of the discipline（要完全取得学科的权力，我们必须使用语言的权力）。这个很简单。但即使是这样的文章，你要做得好的话，还是要有那些野路子，不是说我们把这个作为终极目的，我们可以来迎合你。最后我每次把人家搞坏以后我就撒手不管了，以后我再搞下去，人家来收拾你。你把人家搞得花里胡哨的，人家要毕业了怎么办，这个是我最坏的一面。我们还是要弄得规范一点，但是我觉得，你至少得知道这个世界不是八国联军的世界，ethnography（民族志）可以用很多不同的方式写。你写到让人流泪的程度，但也并没有直接用很多理论。其实他录音录得好，有的是乐器，有的是合唱。上课的时候学生问我，我们能不能像这样写？我说，当然不能这样写，像这样写的话会毕不了业。

赖:有时候会被教育说,你先中规中矩写,然后你可以发挥。

邵:对。因为最后还是一个对话。我们在知识产权化的情况下面,老觉得学术生产是一个个体的东西。恰恰不是个体,它最不个体,它永远是在对话当中的,这一点希腊人早就知道。现在这个知识产权成为一种 fetish(盲目崇拜),只有在中国的话才会出现各种奇奇怪怪的现象。大家都藏着掖着,不太出来,一旦拿出来被人剽窃了怎么办?还有就是,在学术实践上面,同事们之间没有交流,生怕我的一点点 idea 被人家拿去了。你不跟别人讲,你自己根本就没有办法,想不出来这些事情,它是在交往当中产生的。人类学家又是这样的东西,在家里自己搞一个什么理论的话,就已经不是什么学问了。

梁:邵老师,您的田野是在哪里做的?

邵:我开始在一个医院里面做,后来又在乡下做,现在又在网上做,同时还做土地研究。网上是从乙肝那里开始做的。这个时候突然回忆起来我还是个语言学家,我早就不搞那个东西了,现在觉得太有意思了。土地研究是在做经济学的东西,现在土地应该说是一个权、法权的概念。现在这两个东西是我做得比较多的。

赖:也在河南那做,是吧?

邵:不是。很浪费时间,跟有网瘾一样。你要花很多时间去琢磨一个事情。我要做所谓乙肝维权的网站,后来又跟他们的人在聚会的时候见面。突然发现,personhood(人格)和 subjects(主题)在网站上有非常强的真实性。马甲一穿久了,马上就看出来了。搞时间长了,谁的马甲不用说就知道。我觉得,这个对人类学来说,很难想象是我们经典意义上的田野;但这里面的理论前景非常好,因为它和平媒不一样,而越来越具有实时社会交往的特质。时间的维度一旦加进来以后,它就越来越接近我们的社会交往。我觉得,有很多语言人类学的理论让这件事情非常可以做下去。

梁:我们没有其他问题了。

赖:等两位老师走了以后,我们可以再讨论一下。

邵:我们昨天看了一个什么电影?

奚:*Inside Man*。

邵:Jodie Foster 跟警察讲,他有一些东西因为要保护他的雇主的隐私而不愿意说出来。最后他们两个对话,他说,"So do you mean to say I'm getting dismissed"(你意思是说我可以走了)?警察说,"Yes, you are dismissed. So we are dismissed, I guess"(是,你可以走了。因此,我想,我们也可以走了)。

对话的人类学：关于"理解之理解"

罗红光[*]

人类学究竟是做什么的？是用研究者才明白的一套技术概念去解释毫不知情的"他者"世界？又问：人类学的研究目的又是为了什么？是满足自己的学术使命？纵观人类学思想史的演变，我们不得不回到人类学这座知识塔的根基，重新审视我们的基本问题是否可靠。

一、方法学在人类学中的新问题

韦伯将"解释性理解"（德语"*verstehen*"）纳入社会学，这意味着观察者从文化的内部进行系统的解释过程（例如人类学家或社会学家），这一过程与原住民关联或从它的亚文化的观点和概念出发，而不是根据他或她（外部的观察家）自己的文化解释他们。

理解可能意味一种移情或参与理解的社会实践。社会科学家怎样进入访问并评价这种"第一观察者"，它关系到人们在生活中如何给社会世界以意义。这个概念被后来的社会学家批判并发展了。拥护者赞成这一概念，认为是研究人员可从一种文化审查和解释另一种文化中的行为的惟一手段。关于理解，有一套重要的概念，即行动、意义和解释，并由此提炼出"理想类型"（ideal type）。①

---

* 罗红光，中国社会科学院社会学研究所研究员、博士生导师。研究方向为文化人类学、经济人类学、影视人类学。在本次工作坊前夕，中国社会科学院社会学研究所的李荣荣博士访谈了罗红光研究员，访谈主题为"对话的人类学：关于'理解之理解'"。本文已正式发表在《广西民族大学学报》2013年第3期。

① ［德］韦伯：《社会科学方法论》（杨富斌译），华夏出版社1999年版，第35页。

人类学家的初衷是理解他者行为习惯和思维方式,在这意义上,它也是关于理解的一门学问,而且是属于关于行为意义的"他者的理解",其中也包含了他者的行为、意义和解释。针对普遍主义的理性(如科学主义)而言,用人类学术语有时被描述为文化相对论。在社会学领域,用历史比较法,社会学家认为比当地人更能很好地在社会脉络中解释当地社会。尽管如此,社会科学家使用除当地人的经验以外的概念,即一套从属于知识共同体的概念体系。在这个知识共同体中,人类学家也受制于一整套严密逻辑和习惯性术语,并决定了它的表述结构。用我们的一套术语(系统)再现地表述另一套知识系统的术语,它是一种关于表述的表述(saying something of something)①,因此将会出现"理解之理解"(understanding-verstehen)的文化景象。

二、文化再现与研究实践的关系

"理解之理解"现象来自于不同意义群体之间的互动。以下笔者对此进行一个精选式的简短梳理。

(一)跨文化研究

在19世纪,"跨文化的比较研究"(Cross-Culture Study),如摩尔根的《古代社会》(1877)所为,开始使用社会进化理论排列社会发展阶段。这种比较文化的研究虽然基于比较翔实的考古资料,但是其划分时代的选择是偶然性的,其结论也不具备统计学意义,因而其理论也不能在广义上得以验证。B. 泰勒(Edward B. Tylor),在针对诸多仪式与其他社会特征的比较研究中继续沿用了这一方法,而且他第一次做了真实的、具有线性历史意义的"跨文化研究"比较。对此,弗朗西斯·高尔登(Francis Galton)提出质疑。他承认分布在可能普遍适合于多种文化的那种因为相互交织、依赖性之间产生反射作用,也因此可能是文化传播、继承,并非进化。但是,分享历史社会将会联系到历史起源,因而不具备可比性。也就是说,用社会分工与社会分化了的复杂社会的标准去逆时地推测史前史社会的历史哲学中存在认识论上的严重不合理。这个争议之后成为著名的"高尔登问题"(the Galton question),使得摩尔根式的"跨文化的比较研究"中止了近大

---

① [美]格尔茨:《文化的解释》(纳日碧力戈等译),上海人民出版社1999年版,第507页。

半个世纪。直到上个世纪70年代,乔治·默多克(George P. Murdock)的下述工作才得以重现。研究人员更多地使用精确统计的方法控制高尔登问题,①以及作为宗教多样性和社区意义等问题。"跨文化比较研究"使用两种样本作为它的延续性(纵向)分析和全球维度(横向)的分析。如对北美洲印第安人的研究中,有语言与该社会关联的区域性可比较的研究,重点谈论地方活跃的草根传播的过程。"横向的分析"对社会的研究则通过使用全球维度的全面文化样本,寻求排除语言,历史联系,表明他们相互独立的分析。两种方法均奏效。由此笔者认为,"高尔登问题"所警示的那种"不合理"是因为科学家的那种单向解释所人为导致的结果。

(二) 解释与被解释

从以上引申出下列问题:

1. 比较文化意义上的单向沟通:作为研究对象的代言人的解释方向呈现为"A→B"。

2. 文化相对主义:承认文化不仅有其自身的价值体系与历史,显示我们人类的多样性,而且文化表现为一种认同而具备凝聚力,被不同的主体所使用(如科学家、政治家、商人、原住民等不同群体)。它呈现为不同的类型,与此同时具备排他性,因而它也是一种力量的表现。我们用图1表示理解的主体与客体,表述与被表述的关系。

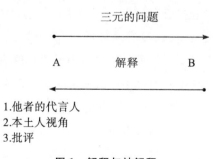

三元的问题

A   解释   B

1.他者的代言人
2.本土人视角
3.批评

图1 解释与被解释

① 譬如默多克(G. P. Murdock, 1897—1985),1949年以后,他专门从事民族志文献研究。他利用20世纪初博厄斯为检验各种理论所收集的数据,试图通过使用该数据库的民族志素材,检验当初的各种假设,并进一步进行世界规模的跨文化比较,来诠释人类群体内部(或群体之间)文化一致或差异的模式及其原理,并建立了诸如"人类关系区域档案"(Human Relations Area Files)等多种基础性的跨文化数据库。

3. 文化主义的批判：后现代主义的文化批评与传统的人类学解释恰恰相反，它在解释上表现为"B→A"。批判者认为，外来者的解释总不能代表作为研究对象的当事人，被研究者应当拥有第一发言权。这里对中国人比较熟悉且较为典型的是围绕"东方主义"的争议。① 可见，比较文化意义上的单向解释与文化主义的反向批判的人们，仍然没有真正回答理解何以可能的问题。

（三）知识霸权（精英、知识）

社会进化论所展示的历史哲学是单向的，即社会发展作为一种线性的演变，从过去到未来，由新生、成长到衰亡。文化相对论告诉我们：文化拥有各自的历史进程与价值体系，并相对于他者而独立。这意味着文化可以被观察，但互相不可通达。达尔文主义被科学家精神所表达；批评主义从其内部呈现他们自己反对霸权主义姿态。但是达尔文主义也好，批评主义也罢，他们呈现的方式都是单向的，且批判的逻辑也同出一辙，即我解释（statement）你，你通过我的一套特殊方法才得以呈现；被研究对象被认为：或者不具备科学理性的知识，或者处于对己文化的无意识状态（如列维-斯特劳斯所言）。传统的再现他者文化的实践非常清晰地表达了达尔文主义的视角，即他者可以被表达，但是他者不可能显示我们如何解释在自己和他者之间认识论的联系；批评主义向我们展示了文化的力量可以呈现为一种围绕理解的力量——知识霸权，互相对抗，如福柯（Foucault）所为。可见，传统的科学理性与福柯意义上的批评主义均单向度地表述与理解，但是他们仍然给我们留下一个认识论的问题：如何理解他者？怎么对他者进行解释？如果客观性意味着在研究过程中拒绝主体性（研究者主体或被研究者的主体），那么我们必须要问自己，没有主体的研究何以可能？任何一项科学研究不是通过可控的观察得以呈现的吗？这里所说的主体既有研究者同样也有被研究者，即便是自然科学，它也是通过主体人通过统一"度、量、衡"等技术方法实现"去我"化，这种通过技术性操作本身却掩盖了作为研究者的主体表述方式、研究需求及其动机，笔者称之为"技术性客观主义"，而且这一技术性客观主义对于被研究者来说并一定具有实际的意义。这里的问题在于，某项研究的问题意识或者具体的问题对谁有意义？如果把自己的研究定位在今后能够指导研究对象的

---

① 诸多争议中，"韦伯的悖论"最具代表性。他的问题意识根本就不在东方（中国），而产生于欧洲，因而他既看不到具有资本主义精神的合理主义文化，也看不到传统中国自己的实践理性。参见［德］韦伯：《儒教与道教》（洪天富译），江苏人民出版社 1995 年版。

生活,那将是典型的知识霸权主义,而且建立在这种理解前提下的文化解释也是单向的,同样具有理解方式的道德问题。

(四) 理解中所隐藏的道德问题

上述比较文化意义上的单向解释与来自本土文化的反向批判受到两方面的质疑。其一,历史上比较研究的方法导致两种价值判断的产生:(1)如社会进化论所为,文化被单向地表达,被解释者并不知道解释者的理解逻辑是什么;(2)如文化批评主义所为,文化作为一种权力被当地人所使用,认为解释权力不应在外部,而在内部。他们互相对峙,不能形成良性的对话,只是围绕看似相同的概念公说公有理、婆说婆有理。其二,一方面,价值判断者经常认为科学是"价值中立"的代言人,高尚的情操、客观、中立,被称为权威的象征;而另一方面,来自于历史的观点,它把事件按照时间的顺序加以线性排序。人们想象社会从过去到未来,教育人们憧憬明天永远比今天好,因此,以否定过去的方式憧憬未来的做法,实际上意味着把文化视为相互独立的他者,客观上也否定了文化作为与他者沟通的惟一途径。

为了表达研究的客观性,如自然科学决定了时间、空间等度、量、衡作为分析单位,并要参与者遵守这一"人为的事实",以便排除具体人的干扰,实现更大范围的沟通与理解。人类学传统上也同样,他们发明一整套属于自己学科的概念体系(如早期被进化论支配的人种学①所为),并且作为他者的代言人出入于他者的田野。然而,后现代主义使得本土人,在很多情况下也刺激了当地人的文化自觉,他们主张自己的事情由自己来解释,其批判的逻辑相同,即西方人曾经用社会进化论的观点把社会分为进步的不同阶段,所为的"落后"也是与社会的发达、复杂的程度进行比较而言。后现代主义的批判方式以同样的批判逻辑认为,科学家的所为也是解释上的一种答案而已。

笔者再问:如果理解的尝试被一种独立的价值观所把持,它如何做到自我检验?目前为止可以指导的检验方式是,通过历史比较的方法,即历史唯物主义的视角看物质的变化来证明过去是简单的、自然的。另一种则是后现代主义思潮的方法,即生命权力(bio-power)告诉我们,我们本以为人类通过技术革命,将从

---

① 在人类学界,这一感念几乎成为"死语",但是为了叙述学术史以及它在历史进程中的特殊含义而有限制地使用。

自然王国走向自由王国,但事与愿违,当代的我们被科学主义的理性绑架了,生活得没有了审美和感觉认识,就连信仰也变得苍白无力。这类讨论岂不是围绕一种道德在发话?

理解及其理解方式引发的道德讨论来自两个方面:

一方面是知识的霸权为主导的单向理解及其方法所引发的争论。例如,马林诺斯基的田野调查日记于1967年被公开出版后被读者发现,他在田野研究期间的情绪往往与其在发表著作中所认可的相异。这对人类学家具有特殊的损伤。因为马林诺斯基将自己写入民族志中,并毫无掩饰地表达了他自己的激动与沮丧。①

另一个是客观主义对研究对象主体性的弱化。现象学(如舒茨,A. Schutz)给我们提供了一种认识论路径和方法,他们强调生活者世界的同时,研究对象的主体性也越来越强烈地影响着科学家自身的研究行为,尤其在人类学领域,这意味着研究客体逐渐作为主体而出现在认识论领域。20世纪末出现的反思主义恰恰代表了这一思潮。它与之前的那种本土人批判外来人话语(如东方人批判西方人的"东方主义"话语)的文化批评主义有所不同,如实验民族志学派的詹姆斯·克利福德、乔治·E. 马库斯的《写文化》(1986),②反思主义强调知识的公共性,承认知识是被共建的。

三、分析与讨论

所有知识一旦进入沟通领域,也可以表达为方法论上的主体性、客观性和主体间性。作为一种对话,主体间性是非常重要的概念,它沿袭了预设有机团结的社会学传统,而不能清楚到个人作为"文化化"的个体何以可能的讨论。另外,实际上自我在沟通的过程中经常变幻其表述方式。我的想法可以由他者证明,这意味着我并不能完全构成主体;就像我们是他者的一个组成部分那样,你的存在意义可以被他者证明,你的价值可被他者发现。在这个世界早就形成了"你中有我、我中有你"的格局。相比之下,如传统的人类学家所为,所为的"他者世界",

---

① B. K. Malinowski, *Argonauts of the Western Pacific: An Account of Native Enterprise and Adventure in the Archipelagoes of the Melanesian New Guinea*, London: George Routledge & Sons, Ltd., 1922, pp.4-8.

② James Clifford and George E. Marcus, *Writing Culture: The Poetics and Politics of Ethnography*, University of California Press, 1986.

就是寻找一种遥远的、浪漫的、幽静和封闭的领域。殊不知，这样的判断本身并非来自于他者世界，而是研究者自我意志的表现。这恰恰也证明了他者并不遥远，它或许就在人的心目中。

论点1：与有意志的他者的个人关系

哲学话语中的"有意志"本身意味着"人"，其中的"个人关系"中的"个人"也就是人类学话语中的有文化的个体，首先他（她）也是有意志的个体，并非生物个体。与有意志的人进行沟通，它体现为一个人对另一个人的个人关系（personal relationship to —），因此将存在于第二自然，即沟通过程的存在。

在我所主持的一项关于利他主义行动的大型研究中，课题设计要求志愿者从第一人称的观点写利他行动过程中的自我感受，在提供服务和接受服务之间尝试描述自我与他者关系的心路历程。[①] 笔者称之为"常人民族志"[②]，即由普通人记述的民族志这一研究方法。该方法有以下两方面的特征。其一，经典人类学的传统是遥远的地方，做长时段的参加者观察（如 C. Geertz, 1995）。在这项研究中，我们的问题是：人类学是否可以在同一个时间段里做大规模的文化研究？研究结果表明，人的第二自然，即人与人的沟通行为也反映了与他者的遭遇过程，这一点恰恰也是文化本身的属性——沟通的意义系统。因此回答也是肯定的，即人类学可以做大规模的文化研究。在这项研究中有一个核心的分析性概念——"自我的他性"[③]，它使人走出了生物个体，成为他者关系中的自我。

作为研究对象并异地派遣的16位志愿者，无一例外地在现场产生了人类学家初到田野时的共同感觉，即陌生的异文化景象。他们首先要花费时间去适应新环境，并进入状态；其次，在利他行动中，有来自服务机构和服务对象的不信任（陌生感）；最后，真正的挑战来自于自我。当面临异文化、职业伦理、信任等价值观问题时，志愿者起初对自己产生过怀疑，会问"我是谁？""我来做什么？"这些

---

① 中国社会科学院重大课题，题目为"公共服务义务化"的一项实验性研究（2005—2009）成果之一，罗红光、王甘、鲍江合编：《16位志愿者的180天》，知识产权出版2010年版。

② 参见罗红光：《常人民族志：利他行动的道德分析》，《世界民族》2012年第5期。其中"常人"的概念从柳田国男（Yanagita Kunio）对英文"people"的日文翻版"常民"而来，指经营日常生活的普通人。然而"常民"并不具备古典马克思主义意义上的阶级背景，也不具备公民社会中人们对其自身政治和权利的诉求，因而它又不能完整地表达英文"people"这一含义，本文取其中性含义。（1）一个人在特定的主题上没有专业和专业知识（引自《牛津字典》）；（2）生活世界里的普通而平凡的大众（引自柳田国男）。加芬克尔曾用"常人方法学"批判研究者与被研究者之间表述的差异问题。本课题在交往实践这个意义上使用它。

③ 即 otherness of self，主体的客体化表达，而非纯粹（自然科学）的客体。它本身将"我"分为"I"和"me"（主体与客体的自我），并实践自我对白和反观。

自我质疑来自两个文化阈限的冲突。冲突可以直接表现为不同文化主体间的差异。在中国这样一个大的文化背景下,雷锋精神意味着利他主义的道德权威,是无私奉献。这造成了志愿者进入田野时的一种无意识的优越感,因而导致利他主义的冲突。整个实践的过程是:从进入物理意义上的互为"他者"(第一阶段)到相互认知的对话(第二阶段),再到自我的他性的产生(第三阶段)。哈贝马斯认为:"只有在一种具有普遍意义的话语交往的前提下,才能建构起一种较高层次的主体间性,让每个人的视角与所有人的视角相重合。"①这一"重合"意味着超越了每个参与者自身的主观性,又没有丧失参与者的表达方式和记述立场之间的联系。但笔者认为这两者并不完全重合,前者定位于人与人相关中的互动,后者则是与自我的沟通(如信念、反思、自画像等),它们共同建构并维系了主体间性。换言之,这种"重合"意味着外向的社会化了的个体和内在的客体化的自我几乎同时出现。在这个意义上,"由道德理由所决定的意志并非外在于论证性的理性,自主意志早就完全内在于理性之中了"②。在上述现象学的意义上,常人民族志无疑给出了一个以建立文化理解的实践过程,客观上它也检验了利他行动的道德权威是否合理的问题。

上述关于志愿者利他行动的研究实践表明:其一,在无私奉献的利他主义行动中,主体的"我"是存在并行动着的,不过它是以"自我的他性"的方式出现,是知性地认识自我和建构自我的客观性的一个结果。③ 尤其是自我的他性,它表现在实践过程中的自我调适④:把"自我"对象化、客体化。其二,"常人民族志"方法使不可自我检验的道德权威得以检验。自我概念(身份表达系统)、隐喻(或转喻)的表达。具体表现在:(1)聆听;(2)换位思考;(3)学习;(4)改造。由此可见,主体依赖于他者而获得意义,与此同时又因主体而得以表达。这一认识论上的回路是每一个参与公共服务的人的共同经验。其研究结论之一是:利他行动中有"我"的存在,并非"无私""忘我",道德权威下的集体行动掩盖了行动者主

---

① [德]哈贝马斯:《对话伦理学与真理的问题》(沈清楷译),中国人民大学出版社2005年版,第85页。

② 同上书,第86页。

③ 罗红光、王甘、鲍江合编:《16位志愿者的180天》,知识产权出版社2010年版,第1—7页。

④ 适应策略(adaptive strategy)指社会群体在一定时期为了调整和解决来自内部和外部的压力而实行的行动计划。社会人类学家在探讨适应策略时,通常通过制作复杂的认知图,来反映特定条件下行动者对选择与压力的权衡状况,从而反映策略分析的各个方面,并对适应结果作出前瞻性的预测。

体,因而不可自我检验。常人民族志使得道德权威得以检验。①

人一旦产生"自我的他性",人的意志、思维便可以跨越时空,而且人的意志直接或间接地影响着人们的行为方式。吕炳强认为结构犹如他者直接或间接地影像和制约着人们的行为方式。② 其次,这项研究派遣作为研究对象的普通志愿者采取长时段地进入异地——公共服务的田野,从事公共服务的辅助性工作,并纪录他们各自的感受。我将这种经营日常生活的普通人定义为常人。通过对常人民族志的分析实现自我反思和批评。本项研究的结果表明:第一,利他主义,如雷锋精神,是中国社会主义历史时期中的理想类型。由于主体间性的动机及其调适过程可以在服务的提供方和服务的接收方之间的关系中可以找到,因此利他行动并不意味"无私"、"克己"等去我化过程,也就是说,没有主体的利他主义是个伪问题。第二,在利他行动的过程中,因为它在表达一种价值观,因而利他行动中仍然有道德的主体。方法的道德问题直接地表达为一种文化的价值。这样,该研究通过常人民族志解决了道德权威不可自我检验的问题。

讨论:

(1)利他主义行动过程中在方法上的道德问题告诉我们:来自道德权威的利他行为一方面向人们展示了救助与被救助的二元结构,它使受助方在一开始就处于被救赎的弱势一方;另一方面由于受助方的文化传统与救助方的职业道德之间没有建立可供平等对话的理解机制,于是往往会造成"未预结局"③,导致一方的德性并非符合另一方的德性的道德相对现象。

(2)就个人层面的动力而言,公共空间并非由他者的主观性创造,它的动力来自于"自我的他性",即做好自我的个人欲望。本研究的结果是:志愿者在自我调适的过程中,出现"你中有我、我中有你"的共享(一种公共性)现象,它具体地表现在沟通的理性化过程,而非我行我素。作为分析性概念,笔者用"自我的他性"来关注主体在多大程度上可以进入他者的世界,实现某种共性。自我的他性在理解他者的过程中扮演了既面向自我又面向他者的认识论里的自我的角色。这一角色实际上也就是在沟通过程中出现的"第三身体"④,它已超越了所谓纯

---

① 罗红光:《常人民族志:利他行动的道德分析》,《世界民族》2012年第5期。
② 吕炳强:《我思、我们信任:社会之奥秘》,漫游者文化事业股份有限公司2009年版,第233—250页。
③ 景军:《国家同志:媒体、移民与一位农村老年妇女的自杀》,《中国社会学》2009年第7期。
④ [日]杉万俊夫(Sugiman Toshio):「コミュニティのグループ ダイナミックス」,京都大学出版会2001年版,第53—57页。

粹的自我,或者说"纯粹的自我"也是一个伪问题。

（3）一旦主体间建立了关联,认识论的下一步将不再是主体本身,而是自我的他性维系并约束着"自我的行为"方式,形成一种德性。由于个体内部的这种沟通机制的作用,自我的他性也依然是主体性的动力,其中情感和价值扮演关键的角色。也正因为自我的他性这种机制,也给我们打开认识论的另一扇门,即无意志的他者。

论点 2：与无意志的他者的个人关系

人以外的"他者"也就是没有意识的存在,如山、石、水、火,它们是不以人的意志为转移的客观存在；同理,概念、结构、传统、信仰、现代性等,它们是人类第二自然的产物——人为的事实,因此是外在于个体的存在。在这个意义上,概念一旦产生也就具备了它自身的客观性。那么人与没有意志的他者的关系也就意味着人必须面对诸如自然、信仰的关系,譬如,人类从人与自然之间关系中创造了工具(符号的物化现象),人与他(她)的信仰之间创造了神及神性……神本身并没有意志,它依靠信仰它的人们的话语及其仪式来呈现其权威性及其结构秩序。结构也可以成为外在于自我的他者发挥威力。与迪尔凯姆相关,拉德克利夫-布朗等学者将"结构"视为具有物理学意义的社会事实①,后由拉德克利夫-布朗等人发展出"社会结构"这样的分析性概念,吕炳强把结构视为他者,②结构的客观性在于它对主体人的约束。社会科学家并没有将无意志的存在视为观念性的、虚无缥缈的言说现象,恰恰相反,他们认为观念性的现象决定了行动的方向和方式。从人们的生活案例来看,"万能的上帝"不能证明自己的存在,它却客观上从信徒的行为方式与信念中得以呈现。同样,结构也是被人建构并成为一种迪尔凯姆意义上的"社会事实",它看不见、摸不着,却实实在在地影响着人们。因此,我们这里用"人为的事实"来统括诸如社会结构、历史哲学、地方主义等这些既看不见又摸不着的事实。在这个意义上,自然科学家与他者的沟通是由格式化了的概念体系来决定理解的效果,而社会学家则是由共同的概念彼此实现理解(参见图2)。但是,自然科学家和社会科学家共同的一点则是,他们都发明了话语规则,实现了各自领域内的沟通与理解。

---

① ［法］E.迪尔凯姆：《社会学方法的准则》(狄玉明译),商务印书馆1995年版,第134—137页。
② 吕炳强：《我思、我们信任：社会之奥秘》,第197—232页。

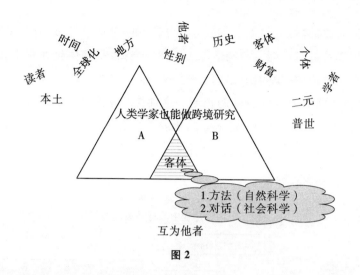

图 2

如图 2 所示,这些概念是人类(包括科学家共同体)的第二自然的创造物。它们并非彼此孤立,恰恰相反,它们之间相互界定,相互支持或对峙,并构成了完整的意义系统,并反过来制约着人们的行为方式和思维习惯。这一点上,科学家共同体内部很像列维-斯特劳斯笔下的"半族"①关系,几个"半族"共同成就了乱伦禁忌的交换系统。人类学家很难表述生物学家的研究,经济学家也不能简单地将自己的"理性人"直接推广到其他学科……那是因为我们分属于不同的话语系统。这就是说,"经济学的问题"并不能简单地等同于经济本身;"社会学的问题"也不能直接地替代社会或……在这个意义上,我们彼此沟通,并构成了互为存在条件的他者之一,于是"对话"则成为实现理解的不可或缺的知识性劳动。

论点 3:有知识背景的个体

"有知识背景"意指被社会化、被文化化的现象。这里的问题是,作为一种观察,作为个体的理解,如何将自己的观察转换成公共的理解和公共知识?韦伯以主张"关于理解的科学"著称,人类学,尤其是解释学派的人类学也是韦伯思想的忠实继承者。马林诺斯基以后,很多人类学家去他们想要理解的田野,人称"参与观察"。人类学家为什么要扮演"一个人的力量",但同时却又如同"一个人的交响乐"一般?

人类学家为了避免知识共同体的自我膨胀,刻意地采用了"参与观察"这样

---

① 即 moiety:由两个血缘相异的集团以交换婚配为目的组成的社会或者部落中的任意一个集团。由列维-斯特劳斯发明的概念。

的贴近研究对象的做法,除了在方法论上对伦理的考量以外,还有它试图说明它对不同知识体系的对话能力与调适能力。然而,将自我客体化并非学者的专利,事实上在日常生活中,我们仍然可以观察得到诸如"自画像""克己""反省""自律"等所表达的那种对自我身体的控制。这种控制来自于他(她)对所承载的制度的认可与服从,越是"大我"越是客体化或称社会化的个体。其中不乏既是为了一种目的而实施的策略性行动,同时又是在被结构所定义的意义中得以表达和理解。

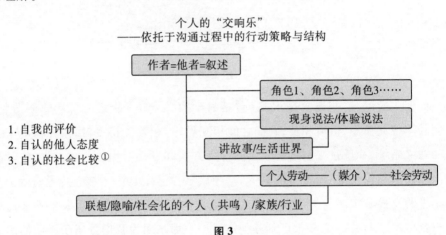

个人的"交响乐"
——依托于沟通过程中的行动策略与结构

图 3

我们知道,人类学家总是去田野,并且是长时段的,他们参与并完成两段对话的过程:一段是与当地人的对话;另一段是与科学家共同体(如人类学专业读者)的对话。图 3 告诉我们,作者不是一个孤立的个体,而是生活在一个具体的社会与文化脉络中的存在。首先作为承载人类学知识背景的人类学者,他既是参与观察他者世界的个体,同时又是拥有特殊读者的作者——知识的生产者。如图 3 中的"角色 1、角色 2、角色 3……"他在叙述他所观察到的他者世界时,其实是一种体验他者世界的换位思考的表述工作,作者遵循其所承载的叙事规则表述,即被结构化了的言说活动。至此我们还不能说它的劳动是社会劳动,因为并没有得到只是共同体(专业读者)的检验(如出版与反馈、批评等)。当然,读者

---

① 民族志作者在实践中具备三种特质,即所谓"自我"的特质是"自画像"式的自我认知,这一点来自于所谓具有个体特点的研究兴趣;对"他者"在方法论意义上的立场和态度,这一点来自于受人类学训练的特质;所采用的文化比较手段(有意识或无意识),这一点来自于人学所具备的异文化研究的性质。这三个方面是从"个人(知识性)劳动"向"社会劳动"转化的重要机制。产品是通过市场机制成为商品,而人类学家的民族志则是通过上述三个环节实现其公共性的。

和被观察者其实分属于不同意义系统里的世界。要想让读者理解被叙述对象的世界，在方法上如同文化的翻译，文化的著述者采取了诸如"联想""转换""隐喻"等手法进行整理，才有可能将未经验的事实转换成可以理解的事实。由此可见，理解并非单向地向读者灌输，而是以"主体间性"的方式让地方性知识具有公共性(参见图3)，也就是说，文化的著述者建构诸如作者、读者等，不同主体之间的公共性。在这个"公共性"的氛围中，任何一方均被客体化了，即上文中所说的自我的他性。这一点它与量化研究的那种"客体化"表述截然不同。如果用一方的方法谴责另一方的方法，那只不过是一种道德讨论，这里不必讨论。

四、理解何以可能？

"子非鱼，安知鱼之乐？""子非吾，安知吾不知鱼之乐？"(庄子)这段对白隐射了认识论的重大问题，即理解何以可能的这一社会科学的基本问题。从上述的分析与讨论中我们得知，文化是人与人(意志)、人与自然(物质)、人与信仰(神、科学、主义等)之间关系的产物。现在可以回答说，正因为庄子动用了"自我的他性"，因而可以按照自己的意愿表达他所感受到的一切没有意志的存在。这一点实际上与人给自然物命名一样。实际上围绕理解的真正困难并非人与无意志的自然和概念之间的沟通，而是人与人之间的沟通。因为我们交往的对象是与我本质上没有区别，有意志、有审美、有情感的实体人，于是人与人的理解只能通过沟通得以完成，其对话的质量被对话的伦理所表达。如果是与自然之物的话，则是通过工具(其中包括概念工具，如命名)实现互动，并且工具的背后是人的思维在起作用；如果是与信仰中的神沟通的话，则是通过自我的对白得以实现。后两者都是无意志的对象。人类学就是在这三种对话中定位自己的学术使命。

本文从人与人的沟通，即人类学研究他者为使命的角度，引申一项大型志愿者行动研究，其结果表明如下：

第一，没有主体的利他主义是个伪命题；

第二，道德权威通过呈现主体得以检验；

第三，主体间性的动机可以在自我和他者之间的关系中找到；

第四,"自我的成长"在利他的过程中,作为内化的自我表现为"自我的他性"①(参见图4)。在方法上,"对话"不仅是参与观察的过程,而且是检验人类学成果的反观性实践。

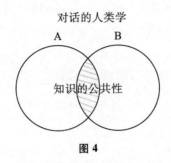

对话的人类学

图 4

不是我们和他者(A 和 B)的相互孤立、独立的存在,而是互为条件的他者,我称之为"互为他者"。譬如参与田野工作的人类学家在各自的田野中,实践着各自的异文化间的对话,并共同完成围绕理解的知识生产,创造知识的公共性。但是,哈贝马斯的"交往行为的理论"在理想的外在条件下进行,因缺乏自我的他性而失去互为主体的契机以及维系它的动力。

首先,对另外一群人来说,我们也是他者。如文化给我们所展示的那样,是人类建立他者(人、物、信仰)关系的思维方式与行为习惯,并作为一种知识形态,文化是开放的,既尊重当下,同时又顺延自身的历史传统延续而来。譬如,关于对于自然的个体关系:人类创造了许多工具,电话是耳朵的延伸;汽车是人腿的延长……通过这种工具,人类与自然共同成就了一个对人类有意义的符号系统。那么我们的理解也是在这种相关关系中得以辨析、深化。它并非仅仅是唯物主义领域的理解,它还要延伸到唯美的、观念等领域,否则我们对历史上那些被物化了的图腾符号无法全面地理解,更不能对图腾背后的制度进行有效的解释。

其次,我们又互为他者,并在这个世界中相互定位。主体间性的动力可以在研究者和研究对象之间的关系中找到。我们可以说围绕自我,有很多类别,有些是有形的,例如物质性的他者;但是有些是无形的,例如社会结构,神,历史观,等等。

最后,自我的他性:"自我"不能等同于个人,因为自己大于具体的人,因为在孩子心目中的我自己包含了我父亲、母亲的我自己,如亲属关系中的自我是在彼

① 罗红光:《常人民族志:利他行动的道德分析》。

此关系中才能比较清楚地定位。"自我的成长"在维护公共空间过程中，问题并不在于他者的主体性，而在于自我的他性之中。

人类学的基本思想继承了韦伯，在整个知识体系中，人类学位于"解释性地理解他者的'理解'"。这样，人类学研究过程是由与其他主体对话的过程来完成。自我和他者之间的沟通是发展个人、社会和资源的路径。个人与个人的私人关系，与神的个人关系和对自然的个人关系，如上所述，首先它们都是通过工具、符号等所实现的人为的事实！在 A 与 B 之间存在社会的可能性，并且他者不仅在他者的地方，而且在你的头脑里。所以，理解是由当事人安排的解释性理解。理解的公共性并非来自民主的外在力量，而来自人与人之间沟通过程中出现的自我的他性。

五、结束语

分析中所呈现的三种沟通关系中，人与自然：自然不能说话而人可以；人与人：人可以沟通，而且是具有意志的人处于不同意义系统里的他者；人与观念：这是超自然的符号系统，它具体地定位在诸如人与神、与来世、与自己所执着的信仰（如科学理性）等层面。面对无意志的他者，其沟通表现为单向的、以人为本的。同时我们还知道，因此，理解是一项双向的、互动的实践过程。在整个田野工作中，作为参与观察者的人类学家，他（她）从事的工作就是理解他者之理解，因而民族志作为一种文化的再现，它的质量来自于双方沟通的德性（如立场）、学者围绕理解的悟性和双方沟通之后所产生的认同。作为陌生人的人类学家从不理解到理解的过程履行了"理解之理解"的建构过程。此时的理解已经不仅仅是学者的概念体系，而是包含了地方性知识的意义系统，它是在互动中完成文化的再现工作。

凝聚力和排他性是文化在同一问题的不同方向的力量表达。当目标认同不一致的时候，文化呈现为排他的力量——不理解、不认同，此时的知识也不呈现公共性。后现代主义的文化批评过于重视文化间的差异和排他性，却忽视了知识生产的共建部分。相比之下，社会建构主义的前提则是：行为（包括认知）及其对象共享所有信息，并成为他者的一部分；而我们的发现则是：承认并分析自我的他性在理解公共性问题上是一个不可或缺的环节。

人类文明发展到今天也是因为知识的共建与分享的结果。如人类学的民族志本质上就是研究者与被研究者共同建构的文本。同理,后现代主义的文化批评的意志仍然需要他者的理解才有可能。无论它是后现代主义的,还是科学主义的,刻意地画地为牢违背了文化的本来面目——存活于沟通之中,也不符合人类学的初衷。在这个意义上,人类学遵循的是实践理性(非实验理性),它要求人类学家将研究对象定位在有意志的、有审美的、动态的实体。实验民族志之所以能够成立,并非它具备了自然科学的那种实验理性,而是因为它具有与研究对象共同建构的那种知识的公共性和可塑性。

第三编

中国人类学学术伦理的
提出与探讨

学者在场的意义

——村落知识生产经验反思

李　立[*]

在村落做田野研究的学者与村落的关系不只是简单的认识与被认识关系，而是有更多层面、更为复杂的内涵。对于村落而言，学者的在场有何意义？站在学者的角度，他们又是否认可村民赋予自己的这种在场意义？通过讲述贵州屯堡村落与学者之间发生的故事，这些问题会从表面纯粹的研究背后凸现出来，提示在村落做研究的学者，除了认识村落之外，还应肩负起别的责任。

地处中国西南的贵州省有个区域的人群被称为"屯堡人"。他们主要聚居于黔中一带，在服饰、语言、饮食、民俗、节庆、艺术活动等方面凸显着自己的文化身份，文化孤岛般地与周边的汉族、少数民族隔离开来。[①] "屯堡"这个概念据说与明初"征南"屯军的历史有关。人们不断回溯到六百多年前的大明王朝，从中汲取表述的灵感和养分。在他们看来，没有六百多年前的战争，就没有六百多年后的屯堡文化。屯堡村落的一位小导游曾给我背诵过这样的解说词："元朝覆灭后，盘踞云南的元朝残余势力蠢蠢欲动，不肯归顺明朝。西南诸夷自立门户，边

---

* 李立，云南师范大学文学院教授、副院长，研究方向为文化人类学、非物质文化遗产。本文的主要内容以"学者在场的伦理意义：贵州屯堡村落的知识生产经验反思"为题在本次工作坊上发表，后来正式刊于《民族学刊》2011年第5期。

① 有学者指出，屯堡人作为明清时期军屯、商屯、民屯汉民移民的后裔，几百年来虽然长期生活于西南少数民族地区，却以特殊的文化策略强烈地保持着明代江南地区的文化传统，凸显出自己的文化品格，成为西南汉族中一个特色鲜明的族群岛。参见周耀明：《族群岛：屯堡人的文化策略》，《广西民族学院学报》2002年第2期。在地方学者观点中，这很有代表性。

患不断,民众久无宁日。西南始终是太祖朱元璋的一块心病。明洪武十四年 (1381年),太祖在南京点兵,命傅友德为帅,沐英、蓝玉为左右将,发兵三十万, 经贵州,长驱云南。元朝势力不堪一击,梁王把匝剌瓦尔密自尽。为求长治久 安,五万明军驻守云南,二十五万明军驻守贵州。这些军人就是我们屯堡人的祖 先。""六百多年前"成为叙述与想象的起点。

屯堡人这种说法不是从来就有的。1902年,日本学者鸟居龙藏路过安顺平 坝县,发现一种被称为"凤头鸡"的汉族"部落民",装束奇特,非苗非汉。① 第二 年,日本建筑学家伊东忠太经过平坝,把"凤头鸡"称为"凤头苗",认为这些部落 民是苗族。② 1951年,费孝通率队入贵州进行民族识别和考察,注意到一种特殊 的"少数民族",被父母民族遗弃的"小集团"。在当地被称为堡子、凤头鸡、南京 人、穿青、里民子,实际上是"汉裔民族"。"早年入侵的汉族军队,很多就驻扎在 各军事据点,称作军屯;他们回不了家乡,有许多娶了兄弟民族的妇女,就在这山 国里成家立业,经长期同化,后来移入的汉族就不认他们作汉族了"③,"汉族同 胞对他们应当及早负责认领还族"④。1983年,贵州文史专家唐莫尧游历安顺头 铺,后在报上发表《穿明代古装的妇女》⑤一文,指出屯堡人并非少数民族,是真 正的汉人,其先祖是明朝洪武年间"征南"的将士。此后,屯堡人的说法广为 流传。

2007年7月至2008年年底我数次到一个屯堡村做调查,发现一些有意思的 现象。村民对田野调查并不陌生,有的村民甚至透露出要教我怎样做田野。有 的村民对自己被外来的学者称为老师表现得很自然,有的村民被学者称为"地戏 教授"。那个自认为有能力教我做田野的村民,他的这种自信和能力从何而来? 我开始从这个角度认真审视屯堡村。

在田野研究过程中,我结识到一些同在屯堡村做田野的学者,他们有的在其 他村落,有的与我同在一个村落做研究。我听闻过一些发生在学者与村落之间 的有意思的故事。这些见闻促使我思考学者在村落中的研究除了纯粹的研究意

---

① 参见黄才贵编著:《影印在老照片中的文化——鸟居龙藏博士的贵州人类学研究》,贵州民族出版 社2000年版,第322—326页。

② 同上书,第326页。

③ 费孝通:《发展为少数民族服务的文艺工作》,载《费孝通文集》(第六卷),群言出版社1999年版, 第263页。

④ 同上书,第301页。

⑤ 唐莫尧:《穿明代古装的妇女》,《贵州日报》,1983年5月2日。

义之外,还有什么意义。格尔茨说过一句时常被人引用的话,"我们不是研究村落,而是在村落中做研究"。如果我没理解错的话,他想强调的是超越于具体村落之上的研究意义,亦即村落研究能为本学科贡献什么。但实际上,从某些事例看,具体的村落是很难以纯粹研究的方式加以超越的。"在村落中做研究"将发生不在村落做研究所不会发生的事情。

一、《屯堡重塑》①引来的"风波"

未读《屯堡重塑》,我就从在屯堡村做田野的同行口中了解到它的一些情况。他提到两个在屯堡村落做研究的美国人,一位是卢老师,②另一位是《屯堡重塑》的主要作者欧教授。他说,前者做得不错,后者只不过把各种现成文本拼贴起来,实际没什么东西。他很反感后现代那些所谓实验。

2007年年底,我访问九溪村张支书时获赠他参与撰写的《屯堡重塑》一书。回到九溪村房东家,在冬日的寒风中,我一气读完它。与其他研究屯堡的论著相比,它读来耳目一新,于我心有戚戚焉。读过此书的一位年轻学者与我有同感,我们就此书的命题"屯堡是被重塑的"讨论过多次。《屯堡重塑》出版后,引来一位地方学者的强烈抨击。在安顺邓老师家,宋老师借酒当着我的面狠批了《屯堡重塑》一顿。因为我流露出对它的少许赞赏,他顺带把我也教训了一番。我面带微笑,聆听教诲,甚至觉得宋老师也不无道理。话别出门后,同行的年轻学者问我"宋老师是不是喝多了?"我无言以对。当然,这可能就意味着胆怯和立场不坚定。公允地说,宋老师对《屯堡重塑》的批评有些建立在误读之上。比如,他说《屯堡重塑》的作者话语与村民话语相互抵牾、前后矛盾,其实这正是村民话语被解放出来的结果,这种张力引起的对话感恰恰是该书力求达到的效果。他把"重塑"理解为"作者想要重塑屯堡"和"屯堡可以被重塑",而该书作者想证明的是屯堡的重塑性这一事实。当我试图对宋老师说明这一点时,引来他潮水般的训斥。早就听说过宋老师的固执和脾气大,我也不能过多争辩什么了。除了宋老师,另外一些本地学者对此书似乎也不以为然。细想来,地方学者长久以来形成

---

① Tim Oakes、吴晓萍主编:《屯堡重塑——贵州省的文化旅游与社会变迁》,贵州民族出版社2007年版。

② 出于一些原因,我对文中出现的人名和村名(包括引文中出现的人名、村名)进行了处理。另外,本文引用、转述的文字、言论负责人在我个人,与相关学者无关。

的研究定式是面朝对象的研究,掉头来研究自己,或自己成为被研究的对象,这种半路杀出的反思取向确实让某些学者既不知所措,又莫名其妙。

《屯堡重塑》一改以往屯堡文化研究强调还原历史和现实的立场,推出重塑这一颇具后现代色彩的概念,从对现象的还原与诠释转到诸如屯堡这样的概念的建构和发明以及由此引发的文化变异。为了实现这一立场,它引入大量村民的自主话语,把这些话语与地方学者话语的话语并置,该书作者再进一步对此加以分析,揭示屯堡文化的建构性。村民的话语满足了《屯堡重塑》所欲透视的主题,比如有的村民明确说"是专家学者告诉我们之后我们才晓得屯堡文化的"①。再如,说"屯研会"是学者的杰作或村民与学者合作的产物,②既颂扬学者,也强调自己的合法性。通过这样的表述,村民把学者和自己捆绑在一起,休戚与共。《屯堡重塑》对"屯堡"这个本来坚如磐石的概念有某种无法避免的解构性,如果理解不当,确实会引发种种想象,成为一种令人不快的威胁,因为以往许多研究就建立在"屯堡"的存在无需论证这一既定前提之上。可是,转换视角后,我们看到完全不同的景观。

欧教授把村民想象成绝对的弱者、被动的接受者和无辜的受害者,而把学者想象成绝对的授意者和潜在的受益者。其实,村民也在行动,也希望行动和有人来配合自己行动。他们也许是弱者,但他们并不简单,无论精英抑或大众都是这样。置身于村落的学者有时反倒显得更天真,他们不是万能的。作为外国学者,欧教授习惯站在底层批判上层,但批判后也就一走了之,真正能够也乐意帮助村民的还是本地学者。谁的屯堡?如果答案仅仅是屯堡是村民的,或仅仅是学者、官员和商人的,都不全面。既然屯堡是重塑的,那么它就是参与重塑者共同的产物和共享物。屯堡不是静态的、本质主义的,那么就要容许它有流动性和建构性。谁又能说没有屯堡文化的村民比有了屯堡文化的村民过得更好呢?

一位地方学者告诉欧教授,"屯堡概念是学者们创造出来的,它对我们学者很重要,但在村民那里却没有什么大的意义"③。《屯堡重塑》有不少像刀子般锐利而闪光的论断,比如"屯堡这个概念首先是学者们构造出来,官员们和企业家们接受了它并使这个概念大众化。屯堡概念不是产生在屯堡村民内部,而是首先出现在地方学者和有关的文化机构里。村民们只是近来才对这个概念熟悉起

---

① 顾之炎:《我与"屯堡第一村"》,载 Tim Oakes、吴晓萍主编:《屯堡重塑》,第 270 页。
② 张文顺:《我见证和参与了九溪 21 年的发展与变化》,同上书,第 252 页。
③ 同上书,第 33 页。

来……他们是按照官方的理解去理解屯堡文化的"①。或如"文化概念传统内容的空洞性在屯堡文化这里表现得非常明显：在屯堡村民中，甚至在学者们和地方领导那里，屯堡文化概念的外延及其具体内容都是非常含混的……由于它的资源特性，屯堡文化可以为村民提供很多具体的物质希望。而这些物质性的希望却又导致了村民、村干、政府官员以及企业之间的矛盾和争斗……现实中，很多村民们都把屯堡文化当做是外面的官员、学者和开发商们的财源。当许多外人相信屯堡文化会给屯堡村寨带来巨大的繁荣时，却几乎没有多少村民对此抱有期望……问题不在于屯堡文化是否是资源问题本身，而是村民们在屯堡文化发展决策和实施方面没有足够的声音和权利"②。

看到这些话，我既为它的一针见血而惊叹，也有为地方学者而鸣的不平。许多屯堡村落的例子表明，外来学者能为村民做的，远远比不上本地学者。欧教授最后的建议是，"指导村民们设计他们自己的文化发展计划，建立他们自己的文化发展组织"。其实，地方学者多年来已经在践行这一建议，比如我做研究的九溪村很早就有学者参与到它的发展中来，尤其 2001 年入村调查的"中国百村调查·九溪村"课题组。所以，我理解宋老师为何勃然大怒，拍案而起。

二、美国学者在屯堡

第一次得知卢老师的名字是在安顺学院老师那里，那时我才到安顺，知道有个叫卢老师的美国人在吉村做研究。与卢老师初次会面在吉村，在村民"抬汪公"的活动上。嘈杂的人声、忙乱的人群，使我们的谈话难以为继。我们约定下次见面进行一些实质性的交流。"我在你的田野点看你如何工作，你又在我的田野点看我如何工作，各一天。这样交流比较有效"，卢老师建议说。这正是我求之不得的。我想看看同行如何在田野中活动，如何与村民互动。这既是学习的机会，也是我研究的题中之意。一些日子后，我随卢老师在周官做了一天的研究。后来，在安顺和北京，我们又碰过两次面。卢老师说着一口流利的、略带京腔的汉语，能用汉语写学术论文。谙熟中国人情世故之道，但说话坦诚、直率。

我是吉村的第一个客人。十年前我初次到吉村，那时还没人关注

---

① Tim Oakes、吴晓萍主编：《屯堡重塑》，第 31—32 页。
② 同上书，第 45 页。

吉村。此后十年间，每年我都会到吉村住一段时间。有时是一个人，有时是带美国的大学生或教授一起来。村民与我越来越熟。虽然我还不是教授，他们都叫我教授。这段时间，屯堡旅游兴起，开始有游客到吉村来。村民要求我去接待。我实在没办法，有几次就在文庙里等客人。有一次，几个美国客人看到我，过来跟我打招呼，问我："你怎么在这儿？"我说，"对不起，村民特别希望我在这儿，让你们看到"。他们都笑了，说"原来是这样"。这体现了一种塑造，为什么？村民是想让人看到我们的文化不仅是靠屯堡做旅游，而且让外国学者在我们村长期住下来。

关于屯军山，村里流行一个故事。它本来叫大山。最早上大山的人是我。当时我问村民村里有没有什么历史遗迹，他们想了半天，说我们山上有一个东西，我们一直没去看过。后来村长带我上去。从我下来以后，他们就开始有了对大山的热潮，就说一定要（把大山开发出来）。他们说卢老师上去了，认可了。我上去只是把它作为研究对象，我也没有说是什么年代的东西。我只是作研究，并没有认可什么。几个星期之内，他们就开始行动。老村长下台后，他们更是组织力量上去乱开发。现在文物局批评他们，说他们乱来。到什么地步，村民普遍认为屯军山是卢老师取的名（你已经进入到他们村的历史当中去了。肯定会写进他们的历史中去，因为我想到吉村就会想到卢老师）。其实，根本没有这回事。但他们还是这样认为，包括支持我的人和反对我的人。村里有百分之二十的人反对我在村里（做研究），一直很反对。他们都认为这是卢老师命名的。那么，为什么？这个说法为什么对他们有利？这是一个所谓专家的认可，是一个村里没有多少人可以批评的专家。有百分之八十的村民支持我在村里，为我在村里而骄傲。他们是编出来的，我根本没有取过名字，根本没有！但是，他们把它赋予在我身上的时候，没有任何人批评，没有人指责我改名。因为改名多少有点儿风险，有的人可能会反对（但没有人指责我）。以前叫大山，也有大伞山的说法。我听他们一般说得最多的是大山，英文是 big mountain，很简单。作为旅游推广，叫屯军山更有吸引力。天龙也是这样，原来叫饭笼铺，后来改名叫天龙。把历史赋予在我的身上，谁也无法避免。吉村这些年的变化令我痛心。

从一开始我就认为屯堡是独特的,而且我认为所有的民族都有权利和资格保护自己的文化。十年前,没有人知道屯堡。我在北京跟人说起屯堡,没有人听说过,"56 个民族中没有屯堡人"。当时也没有那么多研究屯堡的文献,只有一本当地人编写的地戏论文集。今天在北京做民族研究的都知道屯堡的存在了,有大量的文献。但是,今天,屯堡的历史却正在被消灭。真正的屯堡就像一本书,它的封面是灰色和黑色,本来是非常好的东西,本来就有自己的纹。每个纹都有自己的历史、自己的价值。每个纹就是屯堡。可是,外来的人说,"哦!要涂黄色、红色、蓝色或是别的什么显眼的颜色"。实际上,这就把纹(文字)给消灭掉了。而涂上颜色的只不过是一个封面,看完了,也就把它扔了。政府行为、旅游开发把真正屯堡的许多东西给消灭了、破坏了。屯堡一直就很悲壮,到目前为止也是这样。①

1998 年前后,卢老师初次到屯堡地区考察。一路寻访"有意思的"地方,最后在吉村停下来,从此开始了与吉村持续十年的故事。在卢老师的叙述中,可以读出他的复杂心迹。他对吉村充满感情,否则不可能十年不间断地往返于北京与吉村之间。在村民的强烈要求下,充当村落面对外人的幌子,他觉得既无奈也欣慰。无奈的是,这种做法违背了自己做人的原则,在祖国客人的面前显得尴尬、可笑,丢了自己的脸,也丢了吉村人的脸(村民恰恰认为他为村落长了脸)。欣慰的是,自己已经被吉村接纳,以吉村主人的身份去接待客人,这样的场面足以证明自己是一个合格的人类学家,就像当年在易洛魁人中的摩尔根。不过,随着村落政治格局的变化、村干部的更迭,尤其屯堡旅游开发愈演愈烈,他作为学者必须坚持的原则、良心与村民谋求发展的无原则和心机之间出现了不可调和的矛盾。他知道的内幕太多了。对于村民来说,他似乎成了一个危险人物,一颗不知道什么时候会被引爆的定时炸弹。而他也从一开始无论村民做出什么荒唐可笑的举动和要求都颔首微笑、迁就默许,变成据理力争甚至直接批评。双方都觉得对方不那么可爱了。

屯军山就是一个例子。卢老师是最早上去考察的学者。对于他来说,上山考察只不过是最普通的研究行为,但对于村民来说这就是一个标志,一种认可,

① 此处的文字基于在安顺、北京对卢老师的访问整理而出,时间分别是 2008 年 5 月 1 日、2008 年 12 月 12 日。

一项行动的出发点。他们不需要卢老师说一句话，只需要有他上去过这个事实，就可以说很多话，并把这些话赋予在他身上。在村民的表述中，卢老师最终不仅认可了屯军山的价值（如果屯军山没有价值，卢老师就不会上去；卢老师上去了，说明屯军山是有价值的），而且成为屯军山的命名人。村民将对价值这个概念进行转换，把卢老师认可的历史、文化研究价值转换为旅游开发的经济价值。至今卢老师自己也没弄清楚是谁把大山变成屯军山的。如果没有卢老师，改变一个村里叫了许多年的地名不是那么容易的事情。村里可能谁也没那个权威，谁也担不了那个风险。大山变成屯军山有利于旅游开发，就像今天屯堡旅游开发最成功的天龙镇，过去其实叫饭笼铺。卢老师感觉到，作为一个村里没有多少人可以批评的专家，自己实际上是被某些村民利用了。那些原先对他的态度分成两派的村民，在屯军山这件事上也达成了共识。我没有追问他为什么有的村民（按照他的说法百分之二十的村民）会反对他在村里活动，凭借我在九溪的经验，我猜想这可能与村落内部的派系斗争有关，像卢老师这样长期在村里活动并且有分量的人物，很容易被斗争的某一方视为敌方的盟友。一旦原先与卢老师走得很近的村干部（比如那个陪着他上大山的村长）被推翻，卢老师在村里的处境就堪忧了。不过，他对村民仍然保持着一贯的同情和理解。他反复说自己为吉村的变化而痛心。

　　贵州是个资源匮乏、经济落后的地区，像吉村这样的村落，虽然与周边村落相比，在文化资源上有些优势，但除了"抬汪公"这项一年持续不过两三天的民俗，资源的总量其实并不多。村民与学者一样迫切地想要发现另外的文化资源。与学者不同的是，村民宁愿去捕风捉影地发现抑或发明某种历史景观，却不愿像学者那样为保存真正的历史和残存的景观而固守贫困，耐心等待以揭示真相。村民的眼光始终向外、向前看，学者的眼光则反过来向内、向后看。村民想看到利，学者想看到的是真。村民想的是如何从村落可能产生的公共资源中分到自己的一杯羹，学者看到的则是作为整体的公共资源如何被破坏。眼光、目的和公私的分歧其实从一开始就存在，只不过在屯军山的问题上进一步激化。某日，村民兴奋地告诉卢老师在屯军山上发现了重要的东西。上山后，他发现的不是重要的东西，而是村民在自己面前表演。"他们趁我不注意把几个古币埋在土里，然后当着我的面挖出来。其实我知道那个地方原来根本没埋什么古币，是他们埋下去的。还有几个碎裂的瓷器，裂口处的土是新抹上去的。太拙劣了！"村民希望卢老师为屯军山出土明代文物作证。但是，这一次他没有妥协，而是直接批评了村民造假的做法。村民的行为激怒了他,而他也激怒了村民,尤其是那些领头人。在谈话过程中看到我要录音,他说"你要录音,那我可得小心点儿！我就不提某某人的事情"。他变得敏感而谨慎了。对吉村物、事、人、心的变化,他有愤怒,但更多的是痛心。对于那些外来的人,那些在屯堡这本书上任意涂抹颜色的人,他可能只有愤怒。正是在这涂抹中,屯堡被遮蔽了,从而被消灭了。有资格在这本书上涂抹的是些什么人？政府官员、投资商,当然还有作为文化专家的学者——专家认可的力量,卢老师是亲自感受过的。

"屯堡一直就很悲壮,到目前为止也是这样"。屯堡产生于战争,不同性质的移民流离并定居于贵州。从明至清至民国,这片土地似乎从无宁日。中央政府的遗忘,与周边少数民族相互残杀,其中有多少惊天地、泣鬼神的故事。这些故事无需用"骑着高头大马"征南的显赫出身来掩饰,凭着起伏跌宕的悲壮旋律,就足以打动人心。无论将过去以高头大马如何刻板化,今天的屯堡仍然边缘,高头大马式的涂抹只能使屯堡更加边缘,以至于为求发展而与外来的人一起消灭自己的文化,取消自己的存在。这就是"屯堡到目前为止仍然很悲壮"的含义。我觉得他说的很对。但是,屯堡有更好的选择吗？

在卢老师与吉村的故事中,我们看到旅游开发给一个村落带来的改变,看到学者与村落关系的改变,甚至也看到一个学者自身的某种改变(内心的冲突、敏感而谨慎)。卢老师的叙述有某种矛盾性:在村落内部,村民具有足够的心机和主动性,善于刻意利用包括卢老师在内的一切符号资源;跳出村落,在屯堡文化的层面,村民又成了值得同情的弱者,任外来的人摆布。其实,现实本身就是矛盾的。村民是弱者,他们不得不利用一切可以利用的资源包括学者为自己谋利,其中有最基本的经济学算计。与此同时,共同造假、合谋欺骗等也有村民作为弱者反抗外来的人的潜台词:"你们被耍了！在智力上,我们并不比你们差！"

三、地方学者杨老师

就在卢老师因为屯军山与村民闹矛盾这段时间,一个地方学者开始与吉村频频接触。他就是杨老师。在他的帮助下,屯军山发现明代军事遗存和出土文物的事见报了。村民需要杨老师来完成卢老师不能完成的事业——开发屯军山,为吉村编撰村志。村里为此成立了屯堡旅游协会,集资数万元。在安顺,杨老师请卢老师吃饭,我也在座。两个人都是吉村的朋友,却从未坐下来面对面交

流过。谈话显得很热烈,他们谈屯堡,谈屯军山上的文物发现。卢老师说杨老师
应该为自己的屯堡人身份自豪,杨老师则表示赞同卢老师对屯堡造假的批评。
然而,事情后来的发展却表明他们没有走到一起。村民需要的是与卢老师不同
的杨老师。也可以说,杨老师必须做出某些与卢老师不同的事情才能不负村民
厚望。杨老师可能根据这一点强化自己的某些策略,弱化另一些策略。在村民
的期望之下,杨老师需要对自己进行一些塑造。

关于屯军山,有两个与卢老师所述截然不同的版本。

其一是:

> 村里人都知道,在村旁的一座高山上,六百多年前是屯军的地方,
> 不过由于山高林密,荆棘丛生,从来没有人上去看过。今年一月份,几
> 个村民一时兴起,相邀爬上了山顶,结果发现了一个很大的古建筑群遗
> 址……村民在清理遗址时,还发现了上百件文物,如砚台、酒杯、盔甲片
> 等,其中一件砚台上面还有"成化年制"的字样。①

其二是:

> 2008 年农历正月十八举办传统的"抬亭子"(抬汪公)活动时,田
> 村民决心邀请专家来研究家乡的屯堡文化,凭着他对家乡历史的了解
> 和山形地貌的观察,他坚信故土深处一定蕴藏着有待开发的秘密。今
> 年三月,来自北京和本土的专家学者们终于在吉村发现了明代屯军的
> 遗址——屯军山,由此揭开了这个"明代古堡,历史丰碑"的神秘面纱,
> 这个发现,被认为"填补了屯堡文化的空白"。②

时隔 5 个月的这两个版本共同之处在于"发现"。不过,两个版本之间还是
有一些微妙的差异。在版本一中没有出现的屯军山地名,在版本二中出现在"明
代屯军遗址"后面,让人分不清究竟是原有地名还是因为"明代屯军遗址"的发现
而得名。这似乎证实了卢老师的说法——屯军山是现在命名的。版本二后面写
道:"北京国防大学鲍教授和田村民一起考察屯军山后说:'屯堡文化的研究和开
发就需田村民这样的明白人,只要肯学习又热心,开发屯军山就一定成功!'"这
里的屯军山从破折号后的屯军山发展为独立的专有名词。两个版本的另一个差

---

① 《贵州安顺发现明朝皇家军队屯军遗址》,《贵州都市报》,2008 年 5 月 23 日。
② 《血性热肠的屯堡汉子》,《安顺晚报》,2008 年 10 月 7 日。

异是"谁发现了屯军山"。版本一中的发现者是几个不知其名的村民,版本二中的发现者是田村民和专家学者。在发现时间和发现情境上,两个版本也有差异。版本一说的是 1 月,而版本二是 3 月。版本一所述的发现充满偶然性,版本二的发现则是深思熟虑的结果。版本二中出现了一个主人公,正是在他的努力和专家的配合下,屯军山的秘密被揭开。耐人寻味的是,在版本二的报道中,该主人公"坚信故土深处一定蕴藏着有待开发的秘密",这个秘密是有待"开发"而不是"发现"。同时,在鼓励村民时,专家说的也是"开发"。版本二的其他文字讲述了主人公的种种传奇故事。另一则报道记述了据说发生于六百多年前的英雄故事,其主人公之一名叫田宽,与六百多年后的主人公名字相差一字。该故事最后教育人们说:"三个男人遭遇大难时不抛弃、不放弃的团结故事从此流传下来,他们用同生死共命运的实际行动告诉了后人:怎样做人? 怎样活着才有意义。"①

田村民何许人也? 他曾是吉村汪公祭祀的民间组织"十八会"②会长,现任吉村屯堡旅游协会会长,③"对于有关汪华的历史他能倒背如流"。在他带领下,村民"热情高涨,自发集资 6 万多元开发屯军山","乡亲们说,田村民身上有一股号召力和凝聚力!"他与专家学者过从甚密,"深入研究屯堡文化激起了田村民的热情,经常和专家学者交谈","一位专家和他谈起唐朝越国公汪华的史事,他朗诵起汪华祭祀令人刮目相看"。他说,"我们欢迎专家学者来考察,跟着专家学者学习,我们开眼界长见识,学会了原来很多不懂的知识"④。屯军山的发现或开发,正是他下定决心,邀请专家来研究屯堡文化的结果。那么,专家究竟发现了什么? 专家称,"如此规模的屯军遗址在安顺屯堡文化区是首次发现,该遗址就是当年屯集在安顺一带数十万大军的中心指挥部","朱元璋当年的'调北征南'战争平乱结束后,为防止被征服的异族再次叛乱,便将数十万大军驻扎在安顺一带,同时选择了地理位置颇佳的吉村的屯军山作为这些大军的中心指挥部。由此可推断,在这里住下的都是屯堡大军的高级将领","屯军山的发现,终于找到了他们一直想找到的六百多年前屯堡大军的指挥部,这也印证了当年那段金戈

---

① 《三墓"汪田冯"》,《安顺晚报》,2008 年 11 月 3 日。

② 关于吉村"抬汪公"和"十八会"的情况,参见卢百可:《贵州省安顺市附近"屯堡人"祭汪公活动的变迁和意义》,载 Tim Oakes、吴晓萍主编:《屯堡重塑》,第 183—197 页。

③ 该文还特别强调吉村屯堡协会的合法性:"乡亲们推选他当屯堡协会会长,他坚持要依法办理各项手续,因此,他成了安顺市第一家经过注册批准的农村社会团体的法人代表。"见《血性热肠的屯堡汉子》,《安顺晚报》,2008 年 10 月 7 日。

④ 《血性热肠的屯堡汉子》,《安顺晚报》,2008 年 10 月 7 日。

铁马的岁月,也填补了安顺屯堡文化的一个空白"。①

专家是谁?有文中出现的鲍教授,其实还有文中没有出现的杨老师。我知道杨老师曾是安顺文物管理所负责人,知道他早年曾在吉村小学代过课,也知道一年前他与鲍教授考察过包屯,共同出版了关于包屯的一本书。但是,与吉村有十年关系,被村民赋予屯军山命名权的卢老师在哪里?我听不到他的声音。

倒是在另一件事上,我看见了他:"美国籍学者卢老师十多年来每年都来参加吉村抬汪公活动,这位人类学、民俗说专家认为屯堡村民对于汪公的崇拜是一项具有深层含义的人类文化活动,值得深入研究并发表相关论文。"②不过,他发出的声音被间接引语所概括,为的是引出吉村"抬汪公"展演在广州获"山花奖"这件事的意义。田村民在这件事上同样很活跃,"他又组织'抬亭子'节目演练,因为他将带领'抬亭子'节目去广州参加中国第七届民间艺术节"③。作为文化顾问,杨老师也去了广州。这件事当中的一个细节,卢老师知道了一定会生气:"2008年8月,贵州省文联、省民间艺术协会经过考察,与西秀区文联、大西桥镇政府等协商决定选拔吉村的'抬汪公'到广州参加这次全国性展演。省民协干部王琴多次来到吉村指导,组织村民演练。省民协主席韦兴儒、《南风》主编罗吉万专程到吉村观看演练并提出指导意见,进行了适度修改。"④这分明就是他所说的外来人在屯堡这本书上任意涂抹和政府行为对屯堡的破坏。对于可能遭到的批评,组织排练者这样回应:"有人说,这次展演不是原版的'抬汪公'。但是,按照原版至少要5个小时才能结束,而在规定的5分钟不可能原版照搬,更何况组委会明文规定'保持特色,要有创新'呢!不管如何,国家级评委认可了,组委会颁发了最高奖。"⑤

旧的谜团尚未解开,新的谜团扑面而来。天龙说沈万三在天龙落户经商的故事,肖家庄说傅友德大将军的坟在肖家庄,九溪一口咬定顾成埋在九溪,而吉村的陈姓竟然说自己是李自成的后代。

> 陈家水井是一个私人用井,主要是供陈家用水。这本来是没有什么特别的,可是,这个陈家的了不起之处却是:他们是李自成的后代!

---

① 《贵州安顺发现明朝皇家军队屯军遗址》,《贵州都市报》,2008年5月23日。
② 《"抬汪公"抬回了"山花奖"金奖》,《安顺晚报》,2008年10月27日。
③ 《血性热肠的屯堡汉子》。
④ 《"抬汪公"抬回了"山花奖"金奖》。
⑤ 同上。

据说,当年李闯王在九宫山上被围,部下 18 人装扮成李闯王的样子四面八方突围,而真正的李闯王却混在士兵里,逃了出来,后来,因为大势已去,就出了家,而李家的后人为逃避追杀,也各使神通,有一支改了陈姓,最后辗转到了吉村,这在他们家的家谱上还有完整的记载。陈家在吉村很发迹,后来还出了个陈百万,因为投靠吴三桂当了义子,在地方上显赫一时。①

报道吉村"抬汪公"获大奖的那个作者与我相熟,他在一篇博文中这样写道:"平坝天龙的屯堡旅游已经成了贵州有名的乡村旅游的成功案例,他们的一个名家效应是沈万山家的后代;著名的千户屯堡村落九溪走的是顾成的路线,这个在安顺城里留下一条'顾府街'的明代将领,跟安顺的关系更是千丝万缕,现在,那里又在找寻朱元璋家的后裔;而现在,因'李改陈'而出现的陈家,是否可以在吉村进一步发扬光大,甚至是因此使吉村发扬光大,也就更值得期待。"②

面对谜团,作者浩叹:"跟历史相比,我们生活的历史是短暂的,但是,我们思索的范围却是无穷无尽的。在吉村这样热闹的地方藏着这样雄伟的古代建筑,吉村的人都说不清楚,那么,在贵州的大山深处,又还藏着多少的秘密呢?"③什么是本地学者的使命?作者分析说:"在屯堡热兴起的今天,最让人困惑的就是找不到相关的史料为佐证。所谓的'屯堡',也只是因府志上的'屯军堡子'一词演化而来,更多的屯堡史料很多来自旺族的家谱,这就使得可信度打了折扣。通过更多的田野调查,打造出专家认可的屯堡历史,对我们来说是很有吸引力的,至少,我们曾经做过一些工作,至少我们可以是个见证人。"④是啊!"跟历史相比,我们生活的历史是短暂的",而可资佐证的信史又如此稀少。我们究竟是作"见证人",还是去"打造出专家认可的屯堡历史"?(在我看来,这是两种不同的选择)种种可能性又都取决于"我们思索的范围是无穷无尽的"。而在史料有限的前提下,思索的无限很难与想象的无限相区分。

日本小说家芥川龙之介曾写过一个离奇的故事,名为《罗生门》。故事里,对同一宗罪案每个当事人有不同的叙述,因而同一件事就有了几个版本。每个叙述者的叙述都振振有词、头头是道。最终,真正发生过什么就成为一个谁也无法

---

① 杨十八:《吉昌访古》,http://blog.sina.com.cn/s/blog_4d4c348901008vg6.html,2008-03-09。

② 同上。

③ 同上。

④ 同上。

知道的谜。

屯军山的故事似乎也是这样,虽然没有《罗生门》那么诡异,但有不同的说法。实际上,我在田野中不断碰到这样的例子。从红崖天书到天龙秘事,从顾成墓到建文帝,就像原安顺文化局长帅老师对我所言,"不仅天龙有秘事,整个屯堡,整个安顺充满秘事"①。是的,无论历史、民俗、方言、服饰,还是屯堡人的自称等方面,屯堡到处是谜团。什么是屯堡,屯堡人究竟有多少,地戏是否是傩戏等,多年以来都无定论。因为无定论,多年来就一直在争论。杨老师对我说:"我算是最早搞屯堡的,研究了二十年屯堡,到今天我却糊涂了。屯堡是什么?"

四、学者在场有何意义?

几乎每个村落都想"搞屯堡"。有的村民直接把"搞屯堡"说成"炒屯堡",九溪村一位老人的说法最有趣,他说的是"闹屯堡"。几乎每个"搞屯堡"的村落都希望有学者作为自己的文化参谋。那些没有文化参谋而又想搞屯堡的村落正设法四处网罗文化参谋或期待文化参谋的到来。学者也许并不想充当文化参谋的角色,但他的存在为村民的想象、流言和行动创造了新的空间和起点。他会成为一种象征权威的符号,既对内,也对外。他终究会成为或者被村民认为是自己搞屯堡的合作者。如果他拒绝配合,要么这种拒绝被其他村落或村落内部的其他村民所利用,要么他只有选择离开。村落所仰仗的文化参谋很可能并非只有他一个,村落可以选择别的参谋而轻易地放弃拒绝与自己合作的学者。时殊事异、物是人非,村民会重新选择自己的合作伙伴。来自不同背景的学者要在同一个村落和谐相处,需要付出比单枪匹马的研究更大的努力。每个学者都有自己的研究立场,甚至关于村落前途的构想。学者之间的微妙关系会影响到村民之间的关系,而村民之间的关系也会影响到学者之间的关系。学者与村民形成的关系网络最终又会影响到村落和学术的走向。

上面提到的两位学者,包括报道吉村的那位作者,都与我交好。我了解他们在声音之外的经历、性情和为人。在许多方面,他们都是值得我尊敬的师友。卢老师对吉村和屯堡充满感情,而另外两位本来就是屯堡人。没有一个人想过损害屯堡,伤害村民。可是,在相同的前提下,他们却有着各自的原则。至于村民,

---

① 据 2008 年 9 月 12 日在安顺访谈帅老师的录音整理。

站在他们自己的角度,也不能说有什么过错——这一点是我反复强调的。那么,什么才是一个公允的评价? 学术研究与旅游开发之间的关系,其实是我和杨老师多次谈话的主题。他深感屯堡研究存在的时弊,诸如"炒冷饭"、重复研究、流于表面、现象式的描述和罗列等等。我曾开玩笑说他是屯堡打假专家。"屯堡文化有许多都是造假,我们不能再造假了! 否则,伤害的就是我们的后代以及后代的后代!"这是他多次亲口对我说过的话。他也用文字表达过同样的立场:"经历了屯堡文化研究的是是非非,我看到了许多虚构的文字和图片已经印成精装的宣传品,我更相信王恒杰教授(中央民族大学教授——引者注)所说:古人在编写史料时并非执笔者经过考证,很多是道听途说来的,有的文人为了迎合上司、为了私利也在造假,所以史料不可全信。我想,今天关于屯堡文化的文字和图片一旦变为史料的时候,希望我们的后代以及后代的后代千万别轻信这些史料。"① 在研究与开发之间,他认为"唯有深入研究才能开发,否则,那种认为屯堡文化越古越好或者那种破坏性的'建设'将使屯堡文化受到变异性的破坏"②。的确,在村民盛情邀请之下,近年来他参与了包屯和吉村的文化发展规划。这两个村落都是当年他曾下乡任教的地方,那里有他教过的学生和故友,有他流过的汗水和泪水。③ 村民信任他,他想为他们办点事。村民要的是什么? 纯粹的学术研究能给村民带来什么? 对于屯堡文化,他只能一分为二地看。像我和卢老师这样的外地学者,其实并不具备杨老师的这些经历和复杂感情。

在叙述上面这些事的时候,我不时会陷入愧疚。在卢老师与杨老师之间,我无法统一自己的立场。无论是他们,还是我,都有某种自相矛盾的东西。它涉及情与理,涉及求真与造福,涉及学术与现实关怀层面不同良心的定义与冲突。

---

① 杨友维:《特别采访》,内部资料,2005 年,第 150 页。
② 同上资料,第 160 页。
③ 同上资料,第 22—28 页。

民族学田野调查的几个问题

冯雪红*

田野调查是民族学研究的主要方法,是获取研究资料的最基本途径,是当代民族学研究的基础。了解和把握民族学田野调查的当代意义,探究与关注民族学田野调查的方法创新及其伦理问题,有助于保证田野调查质量,有助于民族学学术规范化和民族学学科的蓬勃发展。民族学在中国已经走过了近百年的曲折历程。在 21 世纪,如何发展和完善并使之成为显学是学界近年较为关注的话题。民族学历来主张理论与应用并重,并以田野调查为其研究的主要方法。从学术发展的现实出发,厘清和重视民族学田野调查的如下几个问题,是民族学学术规范化和学科本土化题中应有之义。

一、民族学田野调查的当代意义

古今中外的民族学研究成果和民族史志、地方志、调查报告、调研报告等都是研究工作先驱者们在做了大量的田野调查的基础上完成的。可以说,如果没有实地调查的资料作为研究根据,就难以进行深入的研究。民族学的研究必须建立在田野调查的基础上,必须收集研究对象的第一手资料。田野调查是当代民族学研究的基础。这个方法的本质特点就是深入实际,而不是远离实际或脱离实际去空谈。一些民族学家甚至把这个方法看成是民族学区别于其他学科的

---

* 冯雪红,北方民族大学教授。

特有方法,他们长期深入到一些民族实体中去进行调查研究。①

在最近十来年的发展中,中国民族学成为令人瞩目的一个综合性的学科。从民族学在当代中国学术话语中的开展来看:一是民族学研究的重大课题向人类文化的深层语境延伸。诸如"新世纪我国民族问题的基本特点和发展趋势""现代化建设过程中少数民族传统文化传承、保护与发展研究""少数民族文化遗产理论研究状况、特点及趋势""民族文化多样性与和谐社会构建研究""少数民族宗教信仰与和谐社会构建研究""建设和谐社会与少数民族文化发展研究""关于小民族的生存和前景",等等,成为学界讨论的重大课题。这些课题都是对人类文化的深层提问,关系到人类文化的未来走向。二是分支学科与边缘学科如雨后春笋,新兴学科话语全面展开。由于民族学经常需要进行跨学科的综合研究,因而会与其他学科产生一些边缘学科或交叉学科。例如民族社会学、语言民族学、经济人类学、发展人类学、医学人类学、生态人类学、女性人类学等。既然是边缘学科,就有一个研究重心、研究倾向或研究角度问题。这实际上也涉及学科的分类。三是民族术语成为众多学科研究的对象。20 世纪 90 年代以来,各个学科都开始关注民族问题,在自己的学科里构建有关民族研究的主题、框架、方法等。在中国,与民族有关的研究一时蔚为壮观。从民族学构建的当代主题来看:基于中国的国情,民族学的当代主题应该是,新世纪我国民族问题的基本特点和发展趋势;现代化建设过程中少数民族传统文化的继承与创新问题研究;入世对少数民族地区的影响及其对策研究……②这些主题的建构,都指涉人类社会发展的深层领域。民族学在回答这些主题的过程中,中国化的民族学体系正逐步完成。

显然,中国民族学的当代开展和当代主题不仅为民族学研究者拓展了更加广阔的视阈,也促使民族学自觉担当起回答人类重大命题的任务,成为回答一些重大学术问题的主要学科。我们可以更清醒地认识到,这些课题需要民族学研究者们在长期、广泛、深入的研究基础上方可完成,故而不能没有田野调查。从田野中汲取营养,对学术规范化建设具有重要的意义。努力从事民族学田野调查的实践,也是本土化的具体行动。审视历史基础及现实发展进程,我国民族学建设面临两个方面的问题:一是由于历史的社会的原因,传统的民族学在理论上

---

① 施正一:《广义民族学导论》,民族出版社 2006 年版,第 35 页。
② 谭必友、李臣玲:《中国民族学的学术渊源、整合历程与当代开展》,《西北第二民族学院学报》2004 年第 3 期。

和方法上还存在着一些缺陷；二是对西方的人类学理论，有生吞活剥、"食洋不化"的倾向。立足我国实际并借鉴西方人类学的某些先进理论和方法，建立有中国特色的民族学，是我国民族学建设的重大任务和历史难题，解决这个问题的有效途径是进行广泛的、系统的、深入的田野调查，根据新的材料，作出进一步的理论概括。① 可以说，中国民族学的当代发展使得民族学田野调查凸现其重要的时代意义，一些新的重大学术话题的研究和完成，都将有赖于当代民族学视野下研究者们扎扎实实的田野工作。

二、民族学田野调查的方法创新

在民族学实地调查的长期实践中，形成了多种行之有效的具体方法，最基本的田野调查方法有参与观察、深度访谈、个案研究、民族志及跟踪访谈与观察。这是大家所熟知的。

从工作的程序看，调查研究大致分为三个阶段：一是准备工作阶段：明确目的和拟定提纲，选择田野调查点并了解情况，搜集资料；二是实地调查阶段；三是整理分析阶段。第一阶段需要做案头工作。根据调查内容的要求，搜集前人对这一问题的研究成果，寻找他人研究中有待进一步研究的问题，自己实践中需要解决的问题，有争议的问题，从中找出需要进一步深入调查了解诸种问题的关键所在。这一阶段的准备工作如果做得扎实深入，将有利于第二阶段的工作开展，甚至可以取得事半功倍的效果。实地调查阶段，要站在被调查者的立场上去工作，成为他们的朋友，要腿勤（联系）、眼勤（观察）、口勤（提问）、脑勤（开动脑筋）和手勤（做好访问记录等），第一、第二两个阶段的工作做好了就会水到渠成。当代法国著名社会学家布迪厄指出："认识的对象是构成的，而不是被动记录的。"②在田野调查中，认识对象与现实对象存在着差异，我们依凭于不同的理论预设，占领新的观察位置，置身于新的观察场所，把目光转向以前没有看到的东西上面，在理论预设的视野上有一个开拓，才能根据已经掌握的各种资料，写出调查报告，提出符合客观实际的见解。现实对象与认识对象的差异清楚地表明，人类知识的生产过程总是按照一定的认识"方法"，凭借理论架构所提供的观念

---

① 徐杰舜、高发元：《为了民族的生存和发展》，《广西民族学院学报》2001 年第 6 期。

② ［法］皮埃尔·布迪厄：《实践感》（蒋梓骅译），译林出版社 2003 年版，第 79 页。

和范畴来把握现实对象的。因此,从根本上说,第一、第二两个阶段的工作很重要。如果第一阶段三项工作做不好,第二、第三阶段的工作就会深受影响。田野工作十分重要,但是,对田野调查资料的整理分析也同样重要。"人类学不乏资料,少的是具体使用这些资料的智慧"①。

其实,田野调查并没有什么固定的模式,田野调查方法也是多样性的。现代社会中的民族都在面临全球化的问题,几乎没有什么民族和民族文化可以真正脱离外面的世界。因此,我们对于田野工作就必须作出重新思考。就参与观察而言,作为研究中搜集第一手资料的最基本方法,也是传统人类学田野调查的特征之一。通过参与观察,调查者可以了解到被调查社会的结构以及社会文化中各因素间的功能联系。但参与观察方法仍有其不足之处,如投入时间多、工作效率不高、不断提问可能引起当地人反感、影响当地人的行为、难以证明观察者的结论是否正确等等。所以,在参与观察中,通常还要采用统计学、家谱学、问卷法,等等。② 人类学家越来越意识到参与观察方法的内在问题,许多人类学家现在都在书中阐明其在一个社区中的地位,以便让读者能够自行评价其资料的价值。有许多人类学家已经意识到了自己作为存在者的有限性,他们所获得的田野资料以及获取资料的过程必然存在着历史的局限性,而意识到自身认识的局限性也正是不断超越这些局限性的起点。③ 在这个时空日益被媒体和交通浓缩的世界,所谓的"田野"更像是一种怀旧,一种对文化杂糅的遮掩。④ 从这个意义上拷问,我们的田野调查是否应该做一些新的尝试和修正? 或许我们的研究方法更多地是由我们研究的问题来决定的。为了阐明我们的问题和观点,我们可能采用任何方法。有学者指出,民族学应与多学科交叉特别是与自然科学交叉。通过多学科的交叉来创新理论、创新方法。创新是学术研究的基本原则,也是学术发展的动力。20 世纪的中国人类学、民族学者在中国各民族中作了大量的调查,收集和积累了丰富的资料,出版了一大批具有相当水平的调查报告和研究著作,为中国民族学和人类学的创立和发展作出了巨大的贡献。不过,从理论和方法上看,主要是引进、学习、模仿阶段。可以说,20 世纪存在的最主要问题是普遍

---

① [喀麦隆]巴利:《天真的人类学家——小泥屋笔记》(何颖怡译),上海人民出版社 2003 年版,第 4 页。

② 黄平、罗红光、许宝强主编:《当代西方社会学·人类学新词典》,吉林人民出版社 2003 年版,第 13 页。

③ 陈庆德等:《人类学的理论预设与建构》,社会科学文献出版社 2006 年版,第 374 页。

④ 潘蛟:《田野调查:修辞与问题》,《民族研究》2002 年第 5 期。

缺乏创新精神。在 21 世纪,发展中国人类学—民族学,并使之中国化和成为显学,最主要有两个问题:一是加强创新意识,二是弘扬综合精神。① 当然,创新需要综合各国学术传统之长,掌握多学科知识,需要长期不懈的努力,需要怀疑精神和批判精神,在前人基础上创新。至于如何创新? 我们不能不考虑文化的时代性和学术研究的时代性,寻求体现本国文化特性的方法。有学者指出,如果"只是不加批评地接受与承袭西方的问题、理论及方法。在这种情形下,我们充其量只能亦步亦趋,以赶上国外的学术潮流为能事"②。随着民族学研究的开展,就田野调查各种具体方法的运用而言,只有当我们认识到其优势的同时,也认识到它的局限性,才会促使我们进一步创新研究方法,找到更好的调查研究方法的突破口以消解因方法受阻给研究带来的不利。这只是认识问题的一个角度。或许,我们不应该就方法本身而谈方法创新。自 20 世纪 80 年代初以来,我们对于统计学的重视一直有增无减。比如,大凡论及人类学方法的创新,几乎无一不期待于统计学,以至统计化几乎成了人类学创新的代名词。无疑,统计学是有用的,但问题是,我们究竟应该统计哪些东西? 说明哪些问题? 一定意义上,没有新话题和新理论,是很难刺激出新方法的。中国民族学的发展,将更多地取决于它能否发现重大的话题,能否在理论上有所创新,而不仅仅取决于它在研究方法上有所突破。③ 引发田野调查方法创新的切入点和路径究竟何在? 也许,这是一个无解的话题。但至少具有一种创新意识、创新观念和创新思维则是不可或缺的。胡适先生的名言"大胆假设,小心求证",对我们可能会有一些启发。

值得注意的是,在田野调查中,不可避免地会遇到立场和视角问题。因此,我们需要处理好几个问题。一是要处理好主位(Emic)与客位(Etic),或"自观"与"他观"、"局内人"与"局外人"、调查者与被调查者之间的差异问题。一个合格的民族学者必须把握好"主位"和"客位"两种研究视角。先将能反映当地人思想和世界观的文化事象完整地记录下来,以便准确地理解当地文化。在此基础上,再从客位的视角对之进行分析,从不同侧面对其产生的原因进行解释。二是要处理好个案、区域与整体之间如何联结的问题。出于研究和理解地方性知

---

① 徐杰舜、何星亮:《创新:人类学本土化的关键——人类学者访谈录之七》,《广西民族学院学报》2000 年第 4 期。

② 杨国枢、文崇一:《社会及行为科学研究的中国化》,台湾"中央研究院"民族学研究所 1991 年版,序言。

③ 潘蛟:《田野调查:修辞与问题》,《民族研究》2002 年第 5 期。

识的目的,民族学史上的经典田野研究多是个案研究而非整体研究,传统民族学研究只强调对小型社会的研究,常常忽略复杂的大型社会。受参与观察方法的限制,通过深度访谈弥补这种方法的局限,更深刻地了解现象的意义和规律。与此同时,民族学历来强调整体性研究,不仅要研究社区的整体,即小型社会的整体,也要研究由不同区域所构成的文化整体。以整体的观点来考察各个社会文化体制之间的关系。把当地人的生活与文化当做整体的相互关联的单位来考察。个案研究对整体研究和复杂社会的研究有一定局限性,但它对后者的研究是必不可少的。"社会人类学者,在扩大其研究对象之前,以特定的村落(或村落的一部分)进行田野工作,是一普遍的方法"。三是要处理好本文化研究与异文化研究的两难问题。民族学的传统强调对异文化的研究,了解当地人的思想方法,观察他们一个生活周期的文化现象。所谓"走进他者的世界",就是要学会用"当地人的观点"来思考和观察,尽可能地将自己融入到当地人的日常生活中。学习做一个当地人,从日常生活往来交流的经验里逐渐积累对该文化的理解。对异文化的研究不是最终目的,而是通过研究他文化,反观自我的文化,以更清楚地理解整个人类的文化。中国民族学者大多研究本土社会和文化。无论研究异文化还是本文化,都存在一些问题。研究异文化有"进不去"的问题,研究本文化有"出不来"的弊端。这是民族学田野调查长期存在的两难问题。

　　显然,随着民族学学科的发展、民族学研究问题的多样与深入以及中外民族学/人类学者对田野调查方法的不断完善与修正,可以说,田野调查的方法创新面临着越来越多的困惑与挑战。基于此,如果我们把兴趣放在田野作业和民族志的创意上,或许会带动田野调查方法本身的变革与创新。民族志发展史上的三座丰碑:马林诺斯基《西太平洋的航海者》(1922)、贝特森《纳文——围绕一个新几内亚部落的一项仪式展开的民族志实验》(1936)、拉比诺《摩洛哥田野作业反思》(1977)构成了一个特别有意义的历史序列,①这三本书在论辩的针对性上体现出的一种紧张关系,作为民族志的智慧遗产,却是一个整体。这使我们认识到,田野调查方法的创新并非一蹴而就,它需要几代研究者的探索与实践,否则,划时代的创新很难产生并引领后继者。

---

　　① 《西太平洋的航海者》树立了科学的民族志的范例,把研究对象作为描述的对象;《摩洛哥田野作业反思》把人类学家的实地调查过程作为描述的对象;而《纳文》则是别开生面地把人类学家的民族志写作过程当做描述的对象,在文本的呈现方式上把关于对象的描述与关于写作过程的描述熔铸在一起。

三、民族学田野调查的伦理问题

田野调查总是在一定的社会环境下进行的,在设计和进行研究时,除了科学的考虑之外,研究者必须考虑到很多伦理问题。进入田野,我们的研究面临的第一个问题是,我们的研究会给当地人带来好处吗? 进行田野调查,在伦理学上至少不能给当地人带来坏处。第二,在田野中,你告诉被研究者的研究目的等是真实的吗? 在田野工作之后,你告诉读者的田野成果是真实的吗? 这些都涉及伦理问题。所以,田野工作中不仅有技术的问题,也有伦理的问题,这需要不断地从工作中总结。

作为一个民族学田野调查者,除了必须具备基本的职业道德外,还要结合民族地区的实践、各个民族的特色,形成符合民族地区实际的职业道德与伦理。伦理(ethics)通常和道德(morality)相提并论,两者都涉及对与错的问题。《韦氏新世界辞典》(*Webster's New World Dictionary*)把伦理定义为"与特定职业或群体相一致的行为标准"。我们在日常生活中常把道德与伦理当成群体成员的共识,然而不同民族群体有不同的道德标准。如果要在某个社会里生活,那么了解那个社会的道德标准是十分有用的。我们要在某个社区里搞研究也是如此。在研究过程中,研究者的伦理道德行为至少涉及以下五个方面的人或社会机构:(1)研究者本人;(2)被研究者群体;(3)研究者的职业群体;(4)资助研究的人、财团和政府机构;(5)一般公众。这些人或社会机构的伦理不仅包括个人伦理的因素,也包括社会公德、社会政治、社会利益等社会伦理的因素。[①]

通常情况下,田野调查的伦理道德问题主要体现在以下几个方面。

第一,强调自愿参与。研究对象完全出于自愿,这是一个基本的伦理准则。调查者不能做不利于调查对象的任何事情,每次调查事先要取得当地人民的同意。应充分尊重当地的文化———礼仪、禁忌、宗教信仰直到日常的生活习惯,不能伤害当地人民的感情。在田野调查中,进行深度访谈或参与观察等,这都标志着在被研究者没有提出要求的情况下,一项会让他耗时费力的活动就要开始了,这就难免会扰乱研究对象的正常行为、生产活动等。有时,由于具体研究选题的需要,经常要求他人透露其私人信息,而且还要求把这些信息告诉陌生人。

---

① 赵利生:《民族社会学》,民族出版社 2004 年版,第 300 页。

访问一些难度较大的问题,例如,某一民族普遍早婚、离婚或再婚,你问为什么? 是些什么原因? 大概没有哪一个人能全面回答或十分愿意回答,有些家务事亦非局外人所知。研究者应该让研究对象知道参与调查是自愿的,对他们不愿谈的问题,不能勉强。有时,研究者常常不能透露正在进行的研究,因为担心一旦透露,就会影响研究的进程。显然,在这种研究情形下的研究对象,没有选择自愿或拒绝参与的余地。因此,我们必须尽量避免因被研究者不自愿参与而带来的不必要的冲突和伤害,在研究中,任何可能违反研究对象意愿的行动事先都应征得研究对象的同意,如对访谈过程的记录和录音等。自愿参与是重要的原则,要真正遵循,必须克服伦理上的两难困境。

第二,尊重个人隐私权。隐私权是一个非常重要的伦理议题,调查者应该充分尊重调查对象的个人隐私权。在不同的文化中,对于隐私的理解差异十分巨大。"隐私的信息"在不同的场合也有着意义上的区别,这就要求研究者在实施尊重个人的隐私与保密原则时充分考虑各种因素。侵犯隐私权的情形包括:研究者指出了研究对象的身份,公开或泄露研究对象的个人资料或答案等。① 大部分情况下,研究者都会维护研究对象的隐私权。有些涉及婚姻、收入、财产等方面的事情,当事人不愿为人所知,对此,研究者有义务为其保密。在很多情况下,调查者会了解到调查对象的很多隐私,在处理资料的时候,就需要对调查对象进行匿名或者相应的技术处理。为保护研究对象,在成文时应该隐去研究对象的真名,使用化名。任何人都有自己的隐私,同样有不让人知的权利。例如在访谈过程中,要对报告人充分尊重,和他们建立起良好的关系,对他们的任何陈述,不能表现出哪怕是极其微小的轻视、忽视或嘲笑的态度。应尊重个人隐私,更不能在他人面前询问个人隐私;应遵守当地流行的回避习俗。为此,研究者有必要向研究对象承诺,研究对象所提供的任何资料都将是保密的。

第三,避免伤害研究对象。田野调查绝对不能伤害研究对象,也即不伤害参与者,不论他们是不是自愿参与。一个见多识广并且有伦理意识的研究者的任务是权衡研究的类型、程度、获利的可能性以及尽量避免的危害,等等。披露研究的细节会使研究对象感到尴尬,或危及其家庭生活、朋友关系、工作等。在田野调查中,研究对象很有可能会受到情感或心理上的伤害,研究者也可能迫使研究对象面对平常不大可能考虑的问题。即使这类信息并不直接透露给研究者,

---

① 〔美〕艾尔·巴比:《社会研究方法》(邱泽奇译),华夏出版社 2006 年版,第 69 页。

类似的问题还是会发生。参与者回顾既往时,某些可能没有正义、不道德的过去会浮现在眼前,研究本身也就可能成为研究对象无休无止的痛苦根源。有时,不断深入地提问可能会伤害研究对象脆弱的自尊,也可能勾起他们曾经不幸的痛苦回忆,遭遇困难时无以求助的艰难窘境的记忆,还有对所遭受不公正待遇的愤怒倾诉……总之,这些都会激起研究对象对往昔的不愉快的追忆,反而让研究者仿佛置身于伦理的炼狱中。任何研究或多或少都会有伤害到他人的危险,研究者难以确保不会造成伤害。还有一个经常不被承认的事实是,研究对象还会被研究资料的分析和报道所伤害。由于现代传媒的快捷和交通的发达,研究成果出版后,一些研究对象常常会读到他们曾参与过的研究,这难免会引起他们的焦虑,进而带来某种情感或心理上的伤害。

此外,调查对象的知情权越来越受到关注,对于调查对象的"剥削"和奴役的问题受到关注,占用调查对象时间,应适当给予报酬为许多研究者所采用。

总之,重视和掌握上述田野调查值得注意的若干问题,将直接影响到田野工作的质量。田野工作是一个收集资料的过程,资料的收集,是通过访谈、观察、体验等不同方法来获得的。因此,田野调查要求尽可能获得真实的第一手资料。从一个无意识的田野工作者到有意识的田野工作者,从一个没有经验的田野工作者到有一定经验的田野工作者以及逐步走向成熟的过程,需要较多知识储备及相关理论和研究方法的准备。田野工作是文化人类学研究的基础,要使田野工作卓有成效,调查者必须接受严格的文化人类学方法论的训练,只有掌握了扎实的文化人类学理论,才能通过实地调查升华和建构出新的理论,也才能对研究问题进行深入的横向比较或纵向比较研究,从而保证调查材料和研究成果的质量,进而不断推动民族学学科的发展。

人类学伦理与社会的后现代反思

张海洋*

人类是进化机制千锤百炼出来的道德动物。人类如果仅为食色奔忙,大可停留在能造工具的南猿或用火的直立人阶段就能当好万物灵长。此后的人脑进化就不是为了应对自然界而是集中于应对自身和社会,特别是辨析象征符号和人心真伪的能力。人类因而是对真伪和公平与否最为敏感的动物。

智人产生后,特别是文字发明之后的人文道德领域就不再有新事物,只有制裁欺骗和奖励诚信的博弈。在此机制下,学人都要有道德律令,学科都要有伦理准则。我们目前能看到的最早最完整的伦理准则是以古希腊名医希波克拉底(Hippocrates of Cos,约公元前460—公元前377)名义制定的医德誓词(Hippocratic Oath):

> 我以阿波罗及诸神的名义宣誓:我要恪守誓约,矢忠不渝。对传授我医术的老师,我要像父母一样敬重。对我的儿子、老师的儿子和我的门徒,我要悉心传授医术。我要竭尽全力,采用我认为有利于病人的医疗措施,不给病人增加痛苦和危害。我不把毒药给任何人,也决不授意别人使用。我要清白地行医生活。无论进入谁家,都只为治病,不纵私欲,不受贿赂,不勾引异性。看到或听到不应外传的私密决不泄露。如果违反上述誓言,请神给我应得处罚。

这个誓言后来被古罗马名医盖伦(Galen,公元129—199)提炼成三字经:"Do

---

* 张海洋,中央民族大学世界民族学人类学研究中心教授、副主任。

No Harm",即"不使坏"(或不害人)!

按照中国现代学术前辈鲁迅、郭沫若、费孝通等人年轻时的信条来梳理,民族学、人类学、社会学,大概还有政治学、心理学、教育学和文学,都很接近医学,差别只在施惠、造福或医治的对象是人身还是群体社会。由于人跟社会、文化是密不可分的三位一体,所以这些学科的伦理法典都有通性,足可供学人举一反三。我们推荐把美国人类学协会的《人类学伦理法典》放在西方后现代社会的场景里来阅读和理解。

中国主流学界对于西方后现代思潮至今不得要领。多半人认为它只是一场长于破坏短于建设的愤青运动,或是由无聊学者编练出来的脑筋急转弯智力体操。但我们回顾罗马俱乐部报告《增长的极限》(*The Limits to Growth*,1972)的主张和背景,就知道这场始于 20 世纪六七十年代,至今余波未息的社会潮流的意义非同小可。

它乃是西方学界针对启蒙运动以来知识即力量、规律即正义、发展即道理等话语,特别是在这些话语支配下不择手段,不考虑生态和文化后果,不计较人文社会代价地追求经济增长和知识创新的旧发展观的批判和反思。它首先反思学界在知识生产即资料收集、文本制作和信息发布过程中的霸权心态和行为,又反思文明、解放和发展话语下的替天行道的救世主心态和行为。最后反思知识与权力和发展方式之间的连带关系。结果就是针对现代西方知识霸权、话语专制、资源掠夺、生态破坏、文化歧视和排斥主体参与的旧发展观的解放思想和呼唤变革的社会运动。

后现代思想解放的意图是变革知识生产和经济社会发展的方式。发展方式变革的起点是社会倡导。倡导理解和尊重微观场景中的"对方"和"他者"的文化价值、能动性和主体需求,倡导平等参与、互惠互利、互为主体和公平博弈的经济社会发展机制,倡导保护生态环境,保护传统文化,维护弱势群体和少数民族权益。在今日中国,我们应该倡导的是"从社会发展史到文化生态学"的知识生产方式转型或经济社会发展方式变革。

今日的美国经历过这场变革,所以它的正规大学都设立了"族群性"和"社会性别"研究机构和开设相关课程,还要按比例额度招收少数民族学生。它的所有企业事业单位都要按人口比例招收少数民族职工,否则就用税收、拨款或政府采购订单调节。马戎教授还注意到它所有电影里的正面英雄或领导角色里必有黑人或其他少数民族,所有反面角色里必有主流社会白人白领。美国因而能从一个五十年前还严重歧视黑人的国家变成今日能够民选出黑人总统的国家。

今日的中国还在酝酿这场变革，所以国立的名牌大学，包括其中的社会学人类学专业，都还在接收推免研究生时搞自以为是的排他性互惠同盟。这种做法显然是不对的、错误的，只能等待高等教育领域精英学者们的良心发现。

总之，学科伦理即是后现代变革的成果，是民族学人类学学科对这场变革的回应。美国的人类学伦理法典在公布时间（2009）上显得姗姗来迟。但它的应用人类学学会已在 1983 年发布《专业和伦理责任》（*Professional & Ethical Responsibilities*）修订版，美国人类学实践全国协会也于 1988 发布《从业者伦理导则》（*Ethical Guidelines for Practitioners*）。笔者记得 1995 年时，美国一位来华在福建做实习调查的人类学博士学位候选人曾因从事了违反中国法规的活动而被驱逐出境。他所在的斯坦福大学人类学系迅速依据《从业者伦理导则》取消了该生的学位候选人资格。《人类学伦理法典》在此事件之后制定。"知情同意"自此成为从业者的宪章。

今日中国学人多能从维护学科和行业声誉或学人道德水准的角度理解这部伦理法典，特别是其中的知情同意。其实它还是学科和行业的道德底线和生命线。民族学人类学要在跨界的场景里做实地调查才有活力，这个需要"跨"的"界"既有国家、民族和地域，也有阶层、宗教、职业、性别、语言和其他实体或结构，还有"对方"和"他者"的隐私活动或心事。跨界活动都有敏感性。唯有互信互惠、公平公开、平等待人和把学问放在伦理之下，把人格放在功利之上，乃是消除敏感的不二法门。如果不能消除敏感则宁可放弃研究，以免使个人一失足成千古恨，使学科陷于万劫不复之境。

很多人关心中国何日会有自家的学科伦理法典。笔者以为他山之石足可攻玉，文化相对伦理互通。中国学人只要把《论语》"己欲立而立人，己欲达而达人"和"己所不欲，勿施于人"的道德律令牢记于心，再参照 AAA 伦理法典行事，概能终身受用。如果再能依此律令和法典来做包括边疆少数民族在内的群体权益保护和多样文化公平传承的事业，则可望成贤成圣。至于国家、社会何时能制定出学科伦理法典，笔者以为那肯定是费孝通先生晚年倡导的"文化自觉"即后现代思想解放、知识生产范式转型和经济社会发展方式变革之后。

附录一

日本文化人类学会伦理纲领

周 星 译*

总则

日本文化人类学会在此制定的"日本文化人类学会伦理纲领",将成为文化人类学的研究、教育及学会运作所应该依据的伦理原则和基本理念。

本纲领是日本文化人类学会会员应悉心留意的伦理纲领,为了不辜负社会的信赖和托付,同时也为了文化人类学调查和研究的进展,会员应充分认识并遵守本纲领。

文化人类学的调查和研究与所有的学术一样,都是在社会信任和理解的基础之上才得以成立的。无论是在成为调查和研究之对象的社会,抑或是在研究者所属的社会,此乃共同的真理。因此,我们应该时常自觉到学术的公共性和公益性及其社会责任,在真挚地追求知识的同时,还应该使其成果对人类社会的和平与福祉有所贡献,必须努力使学术成果广泛地回馈于社会。

在从事文化人类学的教育和指导研究之时,亦应遵循本纲领、对文化人类学教育及文化人类学研究中的伦理问题予以充分的留意,并应敦促学习者也对此予以关注。

为促进文化人类学研究及教育事业的发展,为学术品质的提高和创造性研究的进一步发展,本纲领强烈敦促日本文化人类学会会员,对各自从事的研究和

---

* 日文原文出自日本文化人类学会官方网站,http://www.jasca.org。译者周星为日本爱知大学国际交流学部教授。

教育工作中的伦理问题应有所觉悟。

作为地球市民的伦理

第 1 条 （尊重人权及其各种权利）

我们在任何场所、任何场合下都尊重人权,并留意个人隐私、肖像权、知识产权、著作权等,绝不侵害上述各种权利。

第 2 条 （禁止歧视性对应）

我们绝不能有基于年龄、性别、性取向、思想信念、信仰、是否残疾、民族背景、身体的自然特性、国籍、血统等的任何歧视性对应。

第 3 条 （禁止骚扰）

我们绝不能有任何相当于骚扰的行为。

对于调查地和调查对象人们的伦理

第 4 条 （说明责任）

在从事文化人类学的调查、研究之际,对于调查地和调查对象的人们,我们必须铭记自己负有就本项调查,研究目的、方法及其成果发表等予以说明的责任。

第 5 条 （防止加害和不利于调查对象）

我们必须在确保调查、研究对象及相关人士的生命、安全、财产决不会受到损失或侵害,同时也不会发生直接或间接的伤害和对他们不利情形的前提下,基于万全的体制从事调查和研究。

第 6 条 （调查、研究成果对当地的回馈）

我们应该努力地使调查和研究成果回馈给当地,应该意识到其在当地得以应用的可能性,从而更广泛地贡献于社会。

研究者之间的伦理

第 7 条 （禁止剽窃、盗用和捏造）

我们绝不能剽窃或盗用他人的研究成果,绝不能捏造资料。

第 8 条 （合作研究的实施及成果发表,应明确著作权）

由复数的研究者合作从事的调查、研究,或在获得他人协助而实施调查、研究的情形下,必须注意应该就工作分担、责任所在以及成果公开发表时的著作权等问题,达成充分的共识。

第 9 条 （确保相互批评、相互检验的空间）

我们应该秉持开放的态度,努力确保相互批评和相互检验的学术空间。并且,绝不能妨碍他人的研究。

对于雇主和资助提供者的伦理

第 10 条 （如实告知资格和技能）

我们必须对雇主和资助提供者,如实告知自己的资格和技能,不得有伪造。

第 11 条 （资金的正确使用）

我们必须正确、合理地使用来自雇主和资助提供者的资金。

第 12 条 （公正的契约）

我们应该留意不和雇主及资助提供者缔结违反本伦理纲领的契约或约定。

附则 1 本纲领自 2008 年 6 月 1 日起施行。

附则 2 本纲领的变更,必须经过日本文化人类学会理事会及评议员会的讨论,并由日本文化人类学会大会通过决议方可。

附录二

美国人类学协会伦理法典

张海洋　赖立里　校

一、总论

　　人类学的研究者、教师和从业者是诸多不同社团的成员。每个团体都有其自身的道德规则或伦理典章。人类学家作为不同于其他群体(如家庭、宗教、社团)的专业成员,有其道德义务。他们对于学术学科、对于更广泛的社会和文化,对于人种、物种及其环境也都负有义务。此外,田野工作者还会跟一同工作的其他人或动物发生密切关系,从而引发更多层次的道德考量。

　　在一个涉及关系和责任如此复杂的领域里,不可避免地会出现误解、冲突,以及需要在明显相互抵触的价值之间做出选择。人类学家有责任应对这些困难并通过与本处所述原则相符的方式争取其解决。本法典意在促成讨论和教育。美国人类学协会(AAA)并不裁决维护不道德行为的辩诉。

　　本法典的原则和指南旨在为人类学家在其卷入的所有人类学工作中发展和保持伦理框架提供各类工具。

---

　　* 该法典于 2009 年 2 月通过,英文原文出处如下,http://www.aaanet.org/issues/policy-advocacy/Code-of-Ethics.cfm。译者王媛现为北京师范大学博士生。

二、导言

人类学是研究人类所有方面的多学科科学和学识领域。它包含生物学、考古学、语言学和社会文化等分支。人类学的根系遍布于自然、社会科学和人文学科,其方法覆盖从基础到应用的研究及学术阐释等领域。

AAA 作为代表人类学广度的主要组织始终坚持如下立场:产生和恰当利用(如出版、教学、专业开发和政策咨询)世界各地人民的知识(无论过去还是现在)乃是有价值的目标;人类学知识的生成是一个涉及诸多不同且不断发展之方法的动态过程;出于道德和实践原因,知识的生成和运用应以合乎伦理的方式获得。

AAA 的使命是推进人类学研究的所有方面,并通过出版、教学、公共教育和应用来促进人类学知识的传播。协助教育 AAA 成员在人类学知识的生成、传播和运用中所涉及的各项道德义务和挑战,乃是这一使命的重要组成部分。

本法典旨在向 AAA 成员和其他有关人员提供他们在人类学工作中做出伦理选择的指南。因为人类学家会发现他们自身处在复杂的情境中,且会受制于不止一套道德规范,所以 AAA 伦理法典提供的只是一个决策框架而不是铁定公式。AAA 鼓励所有以本法典为研究和教学指南的人大胆寻求解说范例和研究适当案例来丰富其知识基础。

人类学家有责任知晓与其工作相关的伦理规范,并应就当前研究活动和伦理问题接受定期的培训。此外,颁授人类学学位的系科应在其课程中包含伦理培训课程并指定其为必修课。

法典或指南最终不能预见特定场景下的独特情况和直接行动。个体人类学家必须准备在谨慎的考虑之后做出伦理抉择,并准备澄清其做此选择所依据的假设、事实和问题。因此,本指南所涉及的乃是人类学工作中要做出伦理决策时应予考虑的一般场景、优先性和关系。

三、研究

人类学研究者在提出计划和开展研究时,必须将研究目的、潜在影响和研究项目的资助来源等信息向出资人、同行、研究对象或信息提供者以及受研究影响的有关各方公开。研究者必须准备以恰当方式使用其工作成果,并通过适当和及时的活动来发布这些结果。凡能满足上述期待的研究,无论其资金来源(公共或私人)或工作目的("应用"、"基础"、"纯粹"或"专有")为何,均属合乎伦理。

把学科伦理作为妥协条件而去争取参与研究项目,人类学研究者必须对此危险保持警惕,同时还应努力保持良好的公民或主客关系水准。在寻求形塑公共或私营领域的行动和政策时,积极的贡献和引领可能跟不作为、超脱事外及不合作一样合乎伦理,一切视乎情境。相似原则对于受雇或附属于非人类学机构、公共机构或私营企业的人类学研究者同样有效。

甲　人类学研究者对于与自己一道工作及其生活和文化被研究的人和动物的责任

1. 人类学研究者对于其研究的人民、物种和资料及与其共同工作的人员有着首要的伦理义务。这些义务高于寻求新知识的目标,并可导致人类学研究者在首要义务与其他责任,例如与对赞助者或客户的责任相冲突时,做出不承担或中断执行某一研究的决定。这些伦理义务包括:

•　避免伤害或失当,理解到知识开发可能导致的改变对于与其一道工作的人员和动物或研究对象会有正面或负面后果

•　尊重人类和非人类灵长动物的福祉

•　致力于考古、化石和历史记录的长期保存

•　以建立对相关各方都有惠益的工作关系为目标,积极咨商受影响的个人或群体

2. 人类学研究者在执行和公开其研究或发布其研究结果时,必须保证不伤害与其一道工作、开展研究或实施其他专业活动,乃至被合理推断为可能受其研究影响人员的安全、尊严或私密。研究动物的人类学者必须尽全力确保不伤害所研究动物的身体安全、心理安宁或其物种生存。

3. 人类学的研究者必须事先确定其信息拥有人/提供者是否愿意保持匿名或得到鸣谢,并尽其所能遵从这些意愿。研究者必须向研究参与者说明不同选择的可能后果,并声明尽管他们会作出最大努力,但其匿名仍可能被识破或其承认/鸣谢仍可能难以兑现。

4. 人类学研究者应事先获得被研究者、信息提供者、目标材料拥有者或相关路径控制者及其他已知有可能被研究结果影响其利益的人们的知情同意。我们

理解此处要求知情同意的深度和广度会依项目性质而定,且可能受到其他法典、法律及项目所在国家或社区伦理要求的影响。我们进而理解争取知情同意的过程有动态性和持续性;该过程应在项目设计中启动并在实施中以与目标群体对话和协商的方式持续进行。研究者有责任识别和遵守对项目有影响的各种关于知情同意的规范、法律和条例。就本法典而言,知情同意未必等于或必须要求某种特定的书面或签字形式。同意的质量而非形式才是要旨所在。

5. 人类学研究者与提供信息的个人或地方东主发生密切持久关系(如契约关系)时,必须履行开诚布公和知情同意的义务,同时应谨慎谦恭地与对方商榷此种关系的权限。

6. 人类学家固然可从研究中获取个人利益,但万万不得剥削滥用当地的个人、群体、动物,或文化及生物资料。他们应承认对工作于其中的社会有所亏欠,因而有以适当方式回报当地目标人群的义务。

乙　对学术和科学的责任

1. 人类学研究者必须预计在其工作的每一阶段都会遇到伦理困境,且必须在准备项目建议书之前和项目开展之中都做出真诚努力去辨别潜在的伦理要求和各类冲突。每一份项目建议书都必须有提出和回应潜在伦理问题的章节。

2. 人类学研究者对其所在的学科、学术和科学的诚信和名誉负有责任。人类学研究者因而必须服从科学或学术行为的伦理准则:他们不得欺骗或有意做不实的陈述(例如捏造证据、歪曲事实或抄袭剽窃),不得试图对不当行为隐瞒不报或阻碍他人的科学/学术研究。

3. 人类学研究者应尽其所能保护晚辈田野工作者追随他们到同一地点做实地调查的机会。

4. 人类学家有责任就其研究的性质和目的对所有利益相关者开诚布公。他们不得就其研究目的、资金来源、研究活动或研究发现做不实的陈述。人类学家不得在研究资助来源、研究目的、方法、成果或预期影响等方面欺骗研究对象。蓄意就研究目的及其影响对研究对象做不实的陈述如同做秘密研究,乃是断然违背研究伦理的行为。

5. 人类学研究者应以恰当方式使用他们的工作成果,并尽可能将其发现向科学和学术社团发布。

6. 人类学研究者对出于研究目的而借用其数据或其他研究材料的所有合理

请求应予认真考虑。他们还应尽一切努力妥善保存其田野工作数据以为晚辈学人所用。

丙　对公众的责任

1. 人类学研究者应以恰当方式使其研究结果能为资助者、学生、决策者和其他非人类学家所用。他们在为此准备材料时必须忠实：不仅要对其所陈述事实的内容负责，还必须谨慎考虑其公布信息的社会和政治意涵。他们必须在力所能及的范围内竭尽全力保证这些信息的语境清楚，能被人确切理解和恰当使用。他们应使其报告所据的各种经验基础明确，必须坦言其学术资质和哲学或政治倾向，必须承认并澄清人类学专家知识的局限性。他们同时必须提防其信息对与其一道工作的人们或同事可能造成的伤害。

2. 人类学家在处理其自身与本国政府、东道国政府或研究资助人的关系时，应诚实率直。人类学家不得把学科伦理作为妥协条件，亦不得同意那些不正当地改变其研究目的、关注点或预期结果的条件。

3. 人类学家可以在公布研究成果的同时，选择是否进而采取倡导者的立场。此为个人决定而非伦理责任。

四、教学

对学生和学员的责任

人类学教师在遵从所在教育机构或更广泛组织管控教师/导师与学生/学员关系的伦理和法规法典的同时，必须对此类典章在本学科内的应用方式高度敏感（例如当教学涉及其与学生/学员在野外条件下密切接触时）。人类学的教师应像其他教师/导师一样遵守学界公认的如下戒条：

1. 教师/导师执行研究项目应首先排除任何基于性别、婚姻状况、"种族"、社会阶级、政治信念、身体伤残、宗教信仰，族裔背景、国家来历、性爱取向、年龄或其他无关于学术表现指标的歧视。

2. 教师/导师的职责包括不断地努力改进其教学/训练技能；随时对学生/学员的兴趣做出回应；劝导学生/受训者脚踏实地对待就业机会；忠实地督导、鼓励和支持学生/学员的各项研究；在通讯评议中公正、及时和可靠；辅助学生/学员获取研究资助并在学生/学员寻求专业职位时给予支持。

3. 教师/导师应在人类学工作的每一个阶段涉及伦理的挑战中为学生/学员做出表率;鼓励他们仔细考虑本法典和其他法典;鼓励同事之间在伦理问题上的对话交流;并劝阻他们参与有违伦理的项目。

4. 教师/导师对学生/学员在其研究和著作形成中所提供的辅助给予公开致谢;应给予作为其共同作者的学生/学员以恰当名分;鼓励学生/学员发表有价值的论文;并根据学生/学员在一切专业活动中的参与程度给予应得报偿。

5. 教师/导师在卷入与学生/学员的性爱关系时应谨防由此导致的滥权和严重利益冲突。他们必须避免与本人有教育、职业培训和管理关系的任何学生/学员发生性爱联系。

五、应用

1. 同样的伦理指南适用所有人类学工作。即在人类学家无论在提出和执行研究时,都必须就每项研究的目的、潜在影响、资助来源等方面向出资者、同事、研究对象或提供信息人开诚布公。应用人类学必须有意并期待在合理的时间内以适当方式将本人工作成果投入使用(例如用于出版、教学、项目或政策开发)。在人类学知识得到应用的情况下,他们对于其技能和意向的公开坦诚承担相同责任,并要监测其工作对所有人的影响。人类学家可能卷入的很多类工作往往会影响利益相异的甚至有时是冲突的很多个人和团体。个体人类学家必须谨慎权衡伦理选择,并准备澄清其选择所据的种种假设、事实和问题。

2. 在与雇主的所有交易中,受聘做人类学研究或应用其人类学知识的人应向雇主坦陈其资质、能力和目的。在他做出任何专业承诺之前,必须检视潜在雇主的目的,特别要仔细考量该雇主以往的活动和未来的目标。在为政府机构或私营企业工作时,他要特别谨慎,不得接受或暗示接受与职业伦理相违背或有抵触的任何委托。

3. 应用人类学家如同任何人类学家一样,应当高度警惕以妥协人类学伦理为条件去参与某项研究或实践的危险。他们还应留意殷勤好客、好公民和为客之道的适当要求。在形塑公共或私营部门的各项行动和政策中,不作为、超脱事外与不合作在伦理上可能跟积极的贡献和引领一样无可厚非,一切视乎情境。

六、成果的发布

1. 人类学研究成果复杂多样，受多种阐释的影响并容易遭到种种并非出于研究者本意的使用。人类学家有伦理上的责任去考量其研究及相关成果的交流或发布对所有直接、间接相关对象的潜在影响。

2. 人类学家不能拒绝与研究参加者分享其研究成果。但当同他人分享研究成果有特殊的限制境况时，限制公开也属于适当和符合伦理，尤其当其目的是保护参与者的安全、尊严或私密，保护文化遗产或者有形或无形的文化产权或其知识产权时。

3. 人类学家必须在任何特定条件下权衡其研究结果预期与潜在的应用及其发布的后果，以此决定限制其可及性是否正当和符合伦理。

七、结语

人类学的研究、教学和应用，像任何人类行动一样，会使人类学家个体和集体面临在承担伦理责任方面的种种抉择。由于人类学家是各类群体的成员，因而要受制于各种伦理规范，并且有时不仅要在本法典所述的各项义务之间做出选择，还要在本法典的义务与同时存在的其他身份或角色义务之间做出选择。本法典的条款既非指令选择亦非建议制裁。它仅旨在促进讨论并为做出对伦理责任的各项决策提供一般的指南。

八、鸣谢

本法典由评议美国人类学会伦理声明的工作委员会于 1995 年 1 月至 1997 年 4 月间起草。该委员会的成员有 James Peacock（主席），Carolyn Fluehr-Lobban，Barbara Frankel，Kathleen Gibson，Janet Levy 和 Murray Wax。此外还有下列个人参与了委员会的各次会议：哲学家 Bernard Gert，人类学家 Cathleen Crain，Shirley Fiske，David Freyer，Felix Moos，Yolanda Moses，和 Niel Tashima，以及美国社会学协会伦理委员会的成员。本法典在美国人类学协会 1995 年和 1996 年的两次年会上做过公开听证。委员会还向美国人类学协会所有部门委员会征询过意见。

本法典第一稿曾通过 1995 年 5 月的 AAA 部门委员会大会讨论；第二稿曾通过 1996 年 11 月 AAA 部门大会的简短讨论。

伦理委员会的最终报告曾在 1995 年版《人类学通讯》及 AAA 网站（http://www.aaanet.org）上刊登。本法典草案曾在《人类学通讯》和 AAA 网站 1996 年 4 月和 1996 年的年会版上刊登以征询全体成员的意见。委员会在编写 1997 年 2 月终稿时已将所有成员的意见考虑在内。本法典采用了美国全国人类学实践促进会伦理法典和美国考古学会伦理法典中的一些术语，委员会特此鸣谢。

本法典的后续修订由 Terry Turner 在 2007 年 11 月 AAA 业务会议上获得通过的一项提议发起。它指示 AAA 执委会恢复伦理法典 1971 年版中的部分章节。John Kelly 在一项相关的动议中又指示执委会：如果其决定不能全面地采用 Turner 提议恢复的那些语段，则必须向业务会议成员陈述其正当辩辞。

2008 年 1 月 20 日，执委会指令由 Dena Plemmons（代主席），Alec Barker，Katherine MacKinnon，Dhooleka Raj，K. Sivaramakrishnan 和 Steve Striffler 组成的伦理委员会起草一份"将 Turner 动议所提原则合并在内"的伦理法典修订版，并"明确人类学在申明其关于伦理行为的原则时，到底是否需要此种特定的知识循环方式"。伦理委员会为此特邀了 Jeffrey Altshul，Agustin Fuentes，Merrill Singer，David Price，Inga Treitler 和 Niel Tashima 六位个体帮助在这一问题上措辞。

2008 年 6 月 16 日，伦理委员会向执委会为应对本法典可能产生的新修订版而新设立的小组委员会提交了本报告。由 TJ Ferguson，Monica Heller，Tom Leatherman，Setha Low，Deborah Nichols，Gwen Mikell 和 Ed Liebow 组成该小组委员会审查了该报告，又在将其向执委会提交之前征询了 AAA 伦理委员会、人类学与美国安全和情报实体协作委员会（CEAUSSIC），实践应用和公共利益人类学委员会、人类学同仁网络（NCA），请求这些群体在该小组向执委会提出自身的推荐建议之前贡献意见。小组委员会检视这些团体的意见后，最终于 8 月 8 日向执委会全体会议提出了其自身的推荐意见。

AAA 主席 Setha Low 在上述所有活动的基础上，又向一系列的利益相关者征询过意见。执委会于 2008 年 9 月 19 日通过了本伦理法典的最终版本。

九、其他相关伦理法典

下列伦理法典对于人类学研究者、教师和从业者或有帮助（出版及联系地址略译——译者）：

动物行为学会

1991 Guidelines for the Use of Animals in Research, *Animal Behavior* 41：183-186.

美国法医鉴定者理事会

n. d. *Code of Ethical Conduct*,（American Board of Forensic Examiners, 300 South Jefferson Avenue, Suite 411, Springfield, MO 65806）.

美国民俗学会

1988 Statement on Ethics：Principles of Professional Responsibility, *AFSNews* 17（1）.

美洲考古协会

1991 Code of Ethics, *American Journal of Archaeology* 95：285.

1994 *Code of Professional Standards*,（Archaeological Institute of America, 675 Commonwealth Ave, Boston, MA 02215-1401. Supplements and expands but does not replace the earlier Code of Ethics）.

国家科学院

1995 *On Being a Scientist：Responsible Conduct in Research*, 2nd edition, Washington, D. C.：National Academy Press（2121 Constitution Avenue, NW, Washington, D. C. 20418）.

人类学实践全国协会

1988 *Ethical Guidelines for Practitioners*.

科学研究协会（Sigma Xi）

1992 Sigma Xi Statement on the Use of Animals in Research, *American Scientist* 80：73-76.

美国考古学会

1996 *Principles of Archaeological Ethics*,（Society for American Archaeology, 900 Second Street, NE, Suite 12, Washington, D. C. 20002-3557）.

应用人类学学会

1983 *Professional and Ethical Responsibilities*,（Revised 1983）.

专业考古学家学会

1976 *Code of Ethics, Standards of Research Performance and Institutional Standards*

(Society of Professional Archaeologists, PO Box 60911, Oklahoma City, OK 73146-0911).

联合国

1948 Universal Declaration of Human Rights.

1983 United Nations Convention on the Elimination of All Forms of Discrimination Against Women.

1987 United Nations Convention on the Rights of the Child.

Forthcoming United Nations Declaration on Rights of Indigenous Peoples.

第四编

世界人类学群中的中国人类学：
定位、可能性与实现方式

中国人类学的学术自觉与全球意识
——麻国庆教授访谈录

龚浩群 整理 *

一、中国人类学的学术自觉与学科建设

龚浩群(以下简称"龚"):我们希望麻老师能就 6 月 20 日即将召开的"中国人类学的田野作业与学科规范"工作坊的主要议题谈谈自己的观点,例如中国人类学在全球人类学中的定位,人类学的田野作业规范与人才培养,以及中国人类学学术伦理。实际上本次会议的主旨就是要解决中国人类学未来的发展方向的问题。您和其他老师在采访中所发表的看法将会成为此次工作坊的讨论文本之一。

麻国庆(以下简称"麻"):我想人类学的学科建设涉及五个大的方面。第一是人类学学科本身的建设以及人类学与其他学科的关系,这涉及教学整体上的规划和人才培养等问题。第二是全球范围人类学学科研究的问题焦点在什么地方,中国人类学在全球的位置与重新评价。这是当前中国人类学所处的整体背景,其核心是国际问题国内化和国内问题国际化,中国人类学所研究的问题不是

　　* 2010 年 6 月 10 日下午,在"中国人类学的田野作业与学科规范"工作坊召开前夕,中山大学人类学系系主任麻国庆教授在北京海淀图书城上岛咖啡厅接受了采访,在将近三个半小时的谈话中就中国人类学当前面临的主要问题和未来的发展方向发表了看法。访谈记录由龚浩群整理,田阡、洪颖、杨春宇和梁文静等参与了访谈的全过程。本次访谈的主要内容发表在《思想战线》2010 年第 5 期,《新华文摘》2010 年第 24 期全文转载。

小的问题,而是放大到世界体系中的问题,与传统的中国人类学研究有很大的区别,这就构成了讨论问题的一个核心。中国老一辈学者创造的问题意识,包括学以致用,包括迈向人民的人类学等,这些体系在今天所面临的一些新的思考点在什么地方,需要从整体上予以考虑。

第三要梳理中国研究的地域格差,地域格差是由经济格差带来的,恰恰又有研究上的地域特点。中国研究的地域性和民族性是很传统的一个命题,现在不同地域的人在梳理,比如西南研究、西北研究、华南研究、华北研究的传统等,现又新增了特别的区域,包括海外研究等,通过梳理会发现特点已经出现了,那这些特点特在何处? 怎么来把握?

第四要讨论一个很基本的问题,后现代的发展离不开西方人文主义与科学主义的对话,当它进入到非西方社会之后,非西方社会如何来反应,这种评价事实上没有建立起来一个体系。比如以安德森《想象的共同体》①为例,尽管这本书的内容有很多争议和讨论,概念存在一些问题,但"想象共同体"的概念具有特殊的学术意义,对于中国而言,这一思考超越了传统人类学中的实体论思考方式。建构论与实体论如何进行协调和对话,这一点在中国研究中就是名实相符的问题,如何来处理名实问题?

如果直接以建构的概念来认识中国本身的话,可能会直接纳入到意识形态话语里面来讨论问题,但问题可能不这么简单。因为建构本身凝结着民间自身的反应,哪怕国家不让他建构,民间会想办法来建构。20 世纪 90 年代初,我随费孝通先生到包括湘西、鄂西北在内的武陵山区,当地的土家族当时就提出要给潘光旦先生建庙,有一套他们想建构的东西。我记得 20 世纪 90 年代初,美国《时代》杂志就专刊登载了陕北建了毛泽东的庙,已经把毛视为神,而这几年类似的现象越来越普遍。萨林斯作为一位部分接受马克思学说的学者,早期关注文化与进化的关系,也是新进化论的重要代表,到后来他又重新反思他过去的研究,面对全球化的进程他开始讨论文化加文化的现象,即文化是如何被建构的问题。我觉得他的这种讨论本身与马库斯他们的讨论不一定是相对的,实际上在很多方面抓住了全球体系变化过程中的世界范围的问题。这已经不是某一个国家的某一形态方面的问题,从非洲、拉美、东南亚到中国都涉及这个问题,这个问题离不开全球化的背景下地方性的创造。全球化与地方性,地方如何回应全球,这个

---

① [美]安德森:《想象的共同体:民族主义的起源与散布》(吴叡人译),上海人民出版社 2005 年版。

理念超越了国家和民族的概念,这个方面也是理论焦点之一。

第五是涉及东方和西方的传统划分模式可能在目前存在着很大的问题。东方往往以中国为中心的东亚为代表,当然印度等南亚的问题又是另一个东方;西方以欧洲为代表,这种二元叙述模式在今天面临很大的挑战。比如中国和西方关于身、心问题的讨论,一般认为西方从柏拉图到笛卡尔强调身心二元的概念,中国儒家思想强调天人合一、身心一体的宇宙观,很自然地以一体的概念和分离的二元概念来讨论东方和西方。这也会涉及早期讨论的西方社会团体模式和中国的自我中心模式,或个体主义与集体主义的二元思考,这种讨论本身是在 19世纪以来宏大的人文科学的价值判断里面产生的,并不是现在产生的。因为 19世纪以来忽视了西方和东方之外的原住民社会,我用第四世界的概念来指非东方非西方话语体系中的这些群体。近来对于斐济等地域的研究发现,斐济人也是强调身心一体,还有一些原住民的宇宙观与中国传统哲学中的宇宙观是相似的。① 所以,东方和西方二分的背后还存在被忽略的无文字社会的宇宙观和哲学思考体系,这块哲学体系的思考不可能用东方和西方的二元或一体的概念涵盖进去,是值得重新思考的对象。现在中国学者关于人观的讨论很多时候是以西方为参照的,这种讨论方式会带来很多问题。

龚:在今天中国社会科学的格局当中,人类学应当如何定位? 如何发挥学科优势,与其他学科开展对话?

麻:这涉及一个很基本的命题。就是说,人类学本身不是社会文化人类学,人类学的基本范式是同时强调人类的自然属性与社会文化属性。讨论中国人类学必须回到中国人类学发展的脉络里面。早期的话,以吴文藻为核心的燕京学派或北方学派从一开始就形成了自己的特点:人类学和社会学一体,有很强的社会学取向。因为有这个取向的存在,形成了现在北京各高校人类学的专业设置偏社会学取向——当然这一取向还受到很多其他因素的影响,这是一个整体上的判断。南方人类学体现出不同的特点。20 年代末傅斯年在中山大学创办历史语言研究所的时候最早创办了人类学组,请史禄国任组长,杨成志任组员,这个取向形成了综合人类学传统,是同时强调人类的自然属性和文化属性的传统。这不是现在简单梳理的南派、北派之分,认为北派以汉族研究为中心和南派以少

① [日]河合利光:《身体与生命体系——南太平洋斐济群岛的社会文化传承》,《开放时代》2009 年第 7 期。

数民族研究为中心,当然从研究对象来说是有这个特点,但是从学科设置来说,南方人类学包括早期的林惠祥和杨成志,他们强调人类学的综合性,也就是说体质人类学与文化人类学要糅在一起。南派人类学不仅仅是中山大学,还包括在台湾地区的"中央研究院"和厦门大学,它们形成了自己的研究特点。

我认为中山大学的人类学体系应当是早期中国人类学传统的延续。虽然我是费先生的学生,但费先生早年接受的是综合性的训练,生物属性和文化属性是综合考虑的。我觉得这一块东西还应当是中国人类学的重要基础。中大人类学在国内人类学中从综合的角度来说是最完整的。为什么说综合性研究非常重要呢?

比如说在西方人类学中,灵长类的人类学研究是必不可少的一块。前两年,我们专门从京都大学引进了一位研究灵长类人类学的年轻学者,他与猴群社会共同生活了八年,已经发表了英文论文十几篇。他上课学生特别喜欢听。因为人类学方法面临的一个大问题是强调了访谈,而忽视了观察,表面上用的方法都是参与观察,实际上观察的内容很少,没有观察就看不到人。但是做灵长类研究,因为不能与研究对象对话,在方法上非常注重观察非语言行为,怎么样观察,怎样跟着对象跑,怎样进行分类,怎样用眼睛来观察手势语言,在方法论上对学生训练非常重要。人类学的终极目标是发现人类的普遍性和特殊性,并在此基础上来建构人类社会未来的方向。在探讨人类的原初状态时,灵长类研究提供了对人类的本性的认识,因为灵长类的心智有百分之九十以上与人类相同,灵长类社会中的婚姻、家庭、亲属关系、嫉妒、自慰、权力等,从这种人类社会之前的社会进化中可以发现人类本身特殊性的原初状态,对于建构人类的本性、人类行为研究和早期社会的理论都很有助益,与人类学社会理论的基础有很密切的关系。[①] 这种研究当中自然属性被赋予了社会与文化属性,因此我觉得这是非常重要的一块。

另外很重要的一块是体质人类学研究。中大在学生的体质人类学训练方面非常严格,从外校考来的研究生必须经过这方面训练。比如格勒、胡鸿保来中大读博士期间,梁钊韬先生给他们一套仪器,要求他们做活体测量,并要做一篇论文出来。包括我自己到中大读硕士的时候,要跟着本科生把体质人类学的课程

---

① 最近分子生物学研究表明,黑猩猩和倭黑猩猩的基因序列与人类的相似程度为98.7%,此外他们的身体、心理、行为等各方面也与人类非常相似。

修完并参加正规考试。这几年中大人类学系博士生在这方面的训练有些疏忽，本科生在这方面的训练没有问题，但是从外校来的研究生大部分没有接受这方面训练。这方面训练的缺失是一个很大的遗憾，因为人类学的技术手段和特殊性在很大程度上被忽略了。体质人类学这一块在北方人类学中也是比较欠缺的。

其实费先生后来有这么大的思维框架，其中渗透了体质人类学思考方式的影响。费老的硕士论文是对军队里华北人的体质测量，日本占领北京后他的硕士论文遗失了。费老后来凭借记忆让我帮他整理过一个东西，他在其中提出了对中国基因研究的看法。我将整理后的文字带到中国科学院，当时基因研究还没有立项。费先生在时隔半个世纪以后整理出来的这篇文章说明，把费老定位为社会学家、偏现实研究的专家实际上忽略了费老过去的研究。我后来帮他整理，基本上都是他自己说的原话，加上他以前的文字，例如他与王同惠在瑶族做的体质人类学调查，他在《桂行通讯》中关于体质研究的文章，①我从这些文字中整理出费老在体质人类学方面的思想。后来他与潘光旦讨论畲族的问题时也用到这些资料。费老关于自然属性和体质特点的研究往往被忽视，其实费老在这一块的研究是比较清楚的。②

今天体质人类学与医学人类学的关系非常密切。不能简单地按照西方概念来讨论医学人类学，需要回到中国人传统的体质特点中讨论医学人类学。不同区域的人群的特殊构成、生物属性与疾病、健康、文化到底是什么关系，它们之间是有一定相关性的。中山大学肿瘤医院的院长曾益新院士曾在他的研究中提出，华南的鼻咽癌又叫广东病，与广东的气候、饮食结构都有关系。他并没有刻意从文化方面进行研究，但是我觉得他的研究其实与体质人类学关系密切。关于地方病、艾滋病、非典等公共卫生领域的研究恰恰应当与人的文化行为研究紧密联系在一起。偏自然属性的研究方式如何与文化、生态背景结合在一起讨论，人类学应当有这个理念。与此相关的问题是，科学主义如何与人文主义相结合。庄孔韶教授在《虎日》当中说的是文化行为如何帮助人们戒毒，其中的医学概念是科学主义的，人类学概念是人文主义的，反映了人文主义的仪式传统如何在戒毒中发挥作用。③ 也就是说科学主义不是万能的，人文主义也很重要，这种人类

① 费孝通：《桂行通讯》，载《费孝通文集》（第一卷），群言出版社1999年版，第304—360页。
② 费孝通：《分析中华民族人种成分的方法和尝试》，同上书，第276—280页。
③ 庄孔韶：《"虎日"的人类学发现与实践》，《广西民族研究》2005年第2期。

学的说理方式强化了人文主义。或者说科学主义在一定范围内有效,但是在针对不同文化群体的时候需要特殊的文化介入的概念。

因此,要重新思考人类关系的组成。作为人类学中最传统和最独特的领域,亲属研究的传统基础过于强调自然属性的基础——血缘和姻亲,这套体系现在面临很大的挑战。在民族研究中,有关于民族是实体还是虚体的讨论,在亲属研究中也有类似的问题。传统的实体论及其衍生出来的亲属关系讨论模式面临挑战,因为不同社会对血的概念是完全不一样的,亲属关系的拓展都会受此观念的影响。在日本社会,整个家族建立的基础不是血缘关系,家就是一个经济体,是互动关系,包括利益关系,比如亲兄弟三人当中老大是地主,老二老三就是雇农,它是一个本家与分家的关系,是剥削与被剥削的关系,但它还是一个家族。1972年,古德纳夫(Ward Goodenough)重新思考亲属,发现亲属关系与地缘、与利益关系、与地方文化习惯有机联系在一起,超越了传统的亲属关系的生物属性基础,引发了对于亲属研究的反思,是一个很重要的过渡。[1] 又如我的一位博士生李锦所作的嘉戎藏族的"房名"与亲属关系,可以看到在不同的民族中,亲属关系的构成完全不同。通过比较就会发现传统的以生物属性为基础的亲属关系并不一定适合所有的社会。日本以家屋的屋号来传承,家屋的主人是不是亲属根本不重要,但是他传承了屋号的概念。屋名这个框架是永恒的,不会破碎,不像中国分家会导致家的分裂。[2] 现代生殖技术革命中的代孕母亲等问题完全超越了血亲概念和生命伦理,挑战传统亲属研究中所强调的生物属性,又与现代人的价值判断和人们接受的文化观念连在一起。在亲属关系研究领域,生物属性和文化属性是融为一体的,这正是人类学所强调的"文化的自然",也就是说自然具有文化属性。

与此相关的是资源人类学的问题,人们如何超越体质、血脉、身体,形成对自然的认知。早在上世纪 30 年代之前,马林诺斯基已经讨论过自然的问题,提出人类学中的自然是什么概念,到底什么是自然。人类学不同学派都会涉及这一问题,因而出现了资源人类学,我认为资源人类学是将生态人类学、认知人类学和象征人类学综合在一起,探讨了人类对于资源的认知体系。例如对水的认识、对山的认识、对植物的认识、对动物的认识,也就是说,关于环境的整个认识体

---

[1] Ward Hunt Goodenough, *Description and Comparison in Cultural Anthropology*, New York: Cambridge University Press, 1970.

[2] 麻国庆:《家与中国社会结构》,文物出版社 1999 年版。

系。这就涉及知识的概念,知识是什么? 自然的知识体系需要当地人来认识。用简单的例子来说,中医本身是植物性的,问题是文化中的分类如何成为防御疾病的治疗方式。所以说中医为什么是非物质文化遗产或无形文化,因为它的功用和价值理念是文化性的。

在对自然的认知体系和关于生态的知识方面,我们建构出两套体系,即科学的知识和民俗知识,这两套体系被划分到二元的框架里面,这种划分实际上是科学主义的划分。民间知识体系蕴含着人类在不同生态环境中积累的对自然的认知体系,恰恰与今天的生活紧密相关。今天所谓以科学体系来改造游牧生活方式,为什么没有成功,事实上就是忽略了当地人积累的知识体系。在开发人类学中有相当多的个案,先入为主的开发观和科学主义忽略了传统知识体系,这需要重新考虑。现在的人类学研究关注现实问题比较多,但是人类学传统领域如资源人类学,或者说民族动物学、民族植物学、民族生态学,是目前需要先抢救的,如果等老一辈人走了以后,再抢救就很难。这一块恰恰将自然属性与文化属性结合在一起,这个时候的自然已经不是纯粹的自然了。哲学里面讨论核心命题的基础是"自然就是一个纯粹的自然",但人类学讨论的是自然如何变成文化的自然。我们说的"肚子里面有墨水",肚子是自然的概念,但肚子里面有墨水的说法就将整个身体绕到一个宇宙观里面。

二、中国人类学发展的跨学科视野

龚:人类学与其他学科的关系如何? 中国人类学如何在中国社会科学界做出特殊的贡献?

麻:我记得 2006 年年底,在成立艺术人类学学会的大会上,中国艺术研究院的刘梦溪先生说他曾问一位哥伦比亚大学人类学教授,人类学到底对人文社会科学有什么贡献,那位教授回答说,整个 20 世纪全球人文社会科学的进步离不开人类学。1993 年,考古学家、前国家历史博物馆馆长喻伟超在北京大学的公开讲座中,核心讨论人类学对人文社会科学的影响,如从摩尔根的进化学说到马克思恩格斯的共产主义学说以及弗洛伊德的精神分析说、结构主义和解释学的发展都受到人类学的影响,后现代思潮与人类学也有着密切的关系。影响整个社会科学的思考方式与人类学有直接关系。人类学给全球的社会科学做出了很大的贡献,但是反过来,人类学能从其他人文社会科学那里接受什么理念来刺激学科发展,在这方面恰恰有很多问题。在文化和认知方面人类学完全可以做贡献。从认知的角度来讲,藏族人怎么讲道理,其他民族的人怎么讲道理,其认知模式与宗教观念联系在一起,与社会结构发生关联。

如何面对中国研究?中国研究的内容五花八门,有中心和边缘的问题,无文字社会与文字社会的问题,汉人社会的儒家传统等一套相关的话语体系。为什么中国特别是汉人社会研究必须需要跨学科概念?从人类学最传统的理论模式来解释汉人社会是万万行不通的,因为这样一个复杂的文明社会的历史节点非常强,它的哲学思考自成体系。如何利用史料和哲学思考恰恰成为中国人类学的特色。至于历史人类学的概念好还是不好,并不重要,重要的是有历史观的观照,有哲学认识论的思考,这是中国汉人社会研究非常重要的基础,这个基础是不能脱离的。

2000年,徐杰舜教授做一个人类学访谈录的栏目,我谈了"儒学与人类学的对话:作为东亚社会的汉族和作为多民族中国社会里的人类学研究",这里面有三个层次。第一个层次强调的是,面对这么强大的儒家文明的传统,人类学如何与儒家做一个很好的对话?这里是指汉人社会的研究。第二个层次强调的是什么呢?在东亚社会里面,特别是韩国、日本和越南,儒家文化对这些社会很有影响,但问题是,这套大传统落地以后会由于当地社会结构的差异而造成了不同的现象,这构成了人类学思考的问题意识。例如日本接受了儒家的"忠"的概念,而没有接受"孝"的概念,孝的概念完全被覆盖在忠的下面。这种观念带来了家族组织的特殊性,而这又恰恰符合人类学研究问题的对象和意识。

第三个层次涉及一国之内多民族社会的构成。多民族社会的构成在中国有很大的特色,起码有大部分少数民族都受到儒家文化的影响。例如回儒,在某些回族地区清真寺受儒家影响很深。龚友德先生的《儒学与云南少数民族》①,云南大学木霁弘教授的《汉唐时期的云南儒学》②中都谈到儒家思想对少数民族的影响。又如许烺光的《祖荫之下》对白族的儒家体系与白族社会文化的研究等。当然也包括我调查的蒙古族在接受了儒家的体系后所发生的社会文化变迁。③因此,在中国的民族研究中,儒家体系也是基础。中国特殊性的研究,首先要看

---

① 龚友德:《儒学与云南少数民族》,云南人民出版社 1993 年版。
② 木霁弘:《汉唐时期的云南儒学》,《思想战线》1994 年第 6 期。
③ 麻国庆:「农耕モンゴル族の家観念と宗教祭祀」,载[日]横山広子主编:「中国における诸民族文化の动态と国家をめぐる人类学的研究」,自「日本国立民族学博物馆研究报告别册」2001 年版。

到大的文化传统,这一文化传统具有扩散性。扩散性有两个概念,一是上对下的,相当于我们说的汉人社会内部的大传统和小传统,从高层到低层,二是中心对周边的影响,周边社会如何来接受这套体系。这一点恰恰构成了中国社会人类学的特点。这让我想到在北大百年校庆时,李亦园与费孝通先生的对话,李先生问费先生的问题是中国人类学研究的重要领域在哪里?费先生强调了两点:第一个问题是如何考虑中国文化的延续性;第二个要注意中国人社会关系结合的基础,例如亲属关系对中国社会关系的结合、组织带来的影响。① 这两点恰恰是破题引路。那么到我们这一代如何将这些问题变得可操作化?这就是我为什么要谈"传统的惯性与社会结合",这两个概念是有缘起的,而且我认为这两个范畴构成了中国社会人类学研究的重要基础。在中国做研究学科的综合性非常重要,历史学和思想讨论与人类学之间有很强的对话点。在某种意义上人类学是作为思想的人类学。

　　人类学与跨学科研究关系密切。我 1994 年在东京大学留学的时候,东京大学人类学有很大的改变,提出传统的人类学研究面临很大的问题,要由跨学科研究变成超域研究。超域研究指的是一方面超越学科,另一方面超越地域。这样就将地域研究和跨学科研究结合在一起,这恰恰是人类学的发展方向之一。目前中国大学的学科分类有问题,因为现在的学科要走向综合。人类学从产生之际就具备综合属性,这种综合属性恰恰能够引导学科发展思路。

　　到目前为止,中国所有大学里还没有地域研究(area studies)的课,而在国外的话,地域研究与二战时期的学科传统很有关系。像你现在做的亚太研究,实际上就是地域研究。你能去那里说明中国开放了,懂得人类学可以进入地域研究。在地域研究里,不同学科可以对话,例如关于狩猎社会研究,不同学科可以进行对话。萨林斯说的裕富型社会,怎么样把它合在一起讨论。我们现在的经济都是生产型的经济和消费型的经济,而狩猎社会的经济是攫取型经济,此类经济最强调人与自然的和谐。我们知道人类社会如果有四百万年的历史的话,那么有399 万年是在狩猎社会里,因此关于狩猎社会的研究对社会理论的建构非常有意义。我们在这方面的研究还发掘得很不够。还有对游牧社会或山地民族的研究,都是放在相对来说比较狭隘的人类学框架中来讨论,没有放在综合的跨学科

<hr>

① 费孝通:《中国文化与新世纪的社会性人类学——费孝通、李亦园对话录》,载《费孝通文集》(第十四卷),第 379—399 页。

概念中来讨论。人类学的跨学科性其实处处可见,刚才说的自然属性和文化属性,在对游牧生态、山地生态、狩猎生态和农耕生态的研究里面,应该体现出跨学科的性质。除了前面提到的历史知识体系和儒家的那套体系之外,人类学在其他领域也是有跨学科性的学科。

龚:我感觉麻老师开启了一个非常好的主题,就是从人类学学科内部及其与其他学科的关系这两个方面来谈学科建设,总的想法是怎样使得人类学变得更开阔。您提倡既要强调文化属性也要强调自然属性,(麻:文化与自然并不是二元对立的。)倡导综合性研究的取向,同时还提出人类学的研究不应局限于小地域,而是成为超地域和跨学科的研究。那么,如果要实现上述目标,中国人类学目前面临哪些挑战?

麻:人类学最终要解释人类生存价值背后的普遍性和特殊性,这种诉求的背后是对人与文化的反思。人类学话语体系是全球性的话语体系,比如说你做泰国研究,而我没有去过泰国,但我能够理解你的研究。由此带来了所谓的本土化人类学与全球人类学的对话,其中有几种不同的方式。有一种方式认为完全可以把人类学做成国别人类学,我一直不赞成这个概念,因为人类学本身的基础是来自人类的整体性和特殊性的问题。不管研究什么,都要回到对人类本身的认识。因此,所有研究不可能是自我主义的。本土人类学就是中国话语的人类学,这种看法肯定是行不通的。我反对过度本土化,本土化是有道理的,但过度的本土化完全排斥学科的整体主义的基础。所谓的本土化其实是我刚才说的那套东西,在中国社会内部的历史文化和哲学的思想积淀如何成为人类学研究的操作性的主题,这反而是核心。并不是说本土化排斥人类学的整个学术话语,然后自言自语。

很多问题还需要重新反思拉德克里夫-布朗(Radcliff Brown)来到燕园讲座时提到的一个很大的命题,就是社会调查与社会学调查的区别。这次讲座的内容是由费老来帮他整理的,发表在《燕京社会学》。后来费老在《云南三村》序言中重新谈到这个问题,在给我写的博士论文的评语里面也谈到这个问题。费老认为他的《云南三村》《江村经济》是社会学调查,因为有问题意识,如土地制度与人的关系。在谈人类学研究如何回到学理层面时,恰恰就回到了社会学调查,这种思考模式回应了刚才提到的人类学学科的普遍说理方式。问题意识实际上就是如何与全球范围的学科来对接的问题。

我一直让学生读费老的《社会调查》,是很薄的一本书。很多人愿意读《乡土中国》,《乡土中国》是定性研究。而这是方法论思考,是费老在民盟的系列讲座。很多人认为费老是应用型的人文学者,但实际上费老是非常学理性的,其应用的背后有一套对中国社会文化的大的认识背景。

三、中国人类学研究的全球意识

龚:麻老师认为,在今天中国人类学有没有一个总的问题。或许大家的研究对象各不相同,但是我们可能形成一个总的问题吗?

麻:中国人类学与世界的对接可能就是越界的人类学。在全球化下,流动的概念会变成全球人类学的核心。流动,到处都在流动。农民工在流动,少数民族在流动,非洲人在流动。上次项飚博士来中山大学访问,我和他讨论的核心就是流动的概念,包括我在港大和萧凤霞教授也聊到目前的人类学研究的核心之一就是流动。如广州正是一个流动的国际化大都市,这种人的流动过程使得广州可能成为全球人类学的重要实验室。据说广州的非洲人有 30 万,农民工更多,广东省的少数民族本身有 100 万,外来少数民族达 400 万左右。广州的流动现象反映了全球体系在中国如何表述的问题。所以上月在香港中文大学的讲座中,萧凤霞认为中国研究仍旧是一个过程,即如何思考作为过程的中国。

与这相关的研究是日本京都大学东南亚研究中心的教授在 90 年代初就提出的"世界单位"的概念。什么叫世界单位?就是跨越国家、跨越民族、跨越地域所形成新的共同的认识体系。比如中山大学毕业的马强博士,研究哲玛提——流动的精神社区,来自非洲、阿拉伯、东南亚和广州的伊斯兰教信徒在广州如何进行他们的宗教活动,包括广交会期间如何找地方做礼拜,这些生意人在哪里做礼拜?他通过田野调查得出不同民族、不同语言、不同国家的人在广州形成了新的共同体和精神社区。在全球化背景下跨界——跨越国家边界、跨越民族边界和跨越文化边界——的群体,当他们相遇的时候在哪些方面有了认同,这些人的结合其实就是个世界单位。① 项飚最近在《开放时代》发表文章,讨论近代中国人对世界认识的变化以及上月在中大讲座所讨论的中国普通人的世界观等。这都涉及中国人对世界认识体系的变化,不仅仅是精英层面的变化,事实上连老百

---

① 马强:《流动的精神社区——人类学视野下的广州穆斯林哲玛提研究》,中国社会科学出版社 2006 年版。

姓都发生了变化。① 这就需要人类学进行田野调查,讲出这个特点。

流动、移民和世界单位这几个概念将会构成中国人类学走向世界的重要基础。由此我想到 2005 年的时候在台湾和黄应贵教授聊起中国人类学的发展。我说这些年我也在思考,到底中国人类学有什么东西可以出来? 因为早期的人类学理论,比方说非洲研究出了那么多大家,拉美研究有雷德菲尔德(Robert Redfield)、列维·斯特劳斯(Claude Lévi-Strauss),然后东南亚研究有格尔茨(Clifford Geertz),印度研究有杜蒙(LouisDumont),而中国研究在现代到底有何领域可进入国际人类学的叙述范畴? 我们虽然说有很多中国研究的东西,但像弗里德曼的研究还构不成人类学的普适化理论。我觉得这套理论有可能会出自中国研究与东南亚研究的过渡地带,恰恰在类似于云南等有跨界民族的结合地带,这一块很可能出经典。为什么? 不要忽视社会主义意识形态。跨界民族在不同意识形态中的生存状态,回应冷战以后的人类学与意识形态的关联。一般认为冷战结束后意识形态就会消失,但恰恰意识形态反而会强化,这种强化的过程中造成同一个民族的分离,回应了二战后对全球体系的认知理论在什么地方。同时不同民族的结合部,在中国国内也会成为人类学、民族学出研究思想的地方,其实费老所倡导的民族走廊的研究,很早就注意到多民族结合部的问题,我们今天会用民族边界来讨论,但结合部在中国如蒙汉结合部、汉藏结合部等还有其特殊的历史文化内涵。

第二个单元就是面对全球化和地方化的问题,人类学家的贡献在哪里。一方面如何来回应资本主义世界工厂,如何回应全球体系。另一方面,广州作为国际大都市的国际移民可以回应全球化与地方,可以回应越界的人类学的概念。我觉得越界的人类学很可能在中国产生,一方面在意识形态的分类里面,另一方面在流动和边界的跨越方面。人类学研究必须与世界背景联系在一起,这样才能回答世界是什么的问题,才能回答世界的多样性的格局在什么地方。

然后,我想回到具体领域,分别从费先生的三篇文章谈起。1991 年费先生在去湖南的火车上说,他一生写过两篇文章,一篇关于汉人社会,另一篇关于少数民族。我觉得他晚年还有一篇很大的文章,就是全球化与地方化。我觉得就中国人类学的整个框架而言这三篇文章是重要的基础。

我认为现在的汉人社会研究有些误区,就是说历史积淀过深的话,人类学的

① 项飚:《寻找一个新世界:中国近现代对"世界"的理解及其变化》,《开放时代》2009 年第 9 期。

理论对话点与全球人类学的理论对话点是非常有限的,形成了汉人社会研究的对话不足这种局面。解读汉人社会在形成全球体系中的特殊性,要超越老一代学者的说理方式其实已经很难了。这背后有一个很大的问题,就是传统的英国人类学强调社会结构的研究,到了福特斯(Meyer Fortes)做非洲研究的时候,他指出文化传统与社会结构之间有必然的联系,社会人类学忽视了文化传统。福特斯当时举例了韦伯的研究、中根千枝对日本的研究和费先生对中国的研究。[①] 回到西方人类学研究中的两大传统:一个是社会传统,另一是文化传统,这两个传统在西方人类学有分离倾向。福特斯想统一这两大传统,但是在无文字社会研究中他还是有些力不从心。但在对有文字的文明社会的研究中,费先生和林先生比较早就做到了两大传统的结合。我觉得这一点应当成为中国人类学的一大特色,可以和全球对话。

第二块涉及民族研究,这也非常重要。中国的民族问题到今天为止变成了国际话语,可以从两个方面来解释国际话语。第一是纯粹从人类学学理层面解释民族的特殊属性,如林先生提出的经济文化类型,虽然他受到苏联民族学的影响,强调经济决定意识,但是这套思想划分了中国的民族经济文化生态,这一点是有很大贡献的。费先生提出多元一体格局,建构中国成为一个多民族国家的合法性与合理性。面对西方民族国家的理论,中国这么多民族要放在国家框架下,你用什么来解释它存在的合法性与合理性? 多元一体实际上提供了解释框架。这两大理论是中国民族研究的两大基础。

林先生和费先生的理论是中国人自己总结出来的。当然林先生的理论是与苏联专家讨论出来的,但是强调了中国各民族的经济生态基础和文化基础。费先生强调的是统一的多民族国家的形成的概念。统一的多民族国家的形成的概念可以追溯到梁启超,梁启超开始讨论中国民族、民族是什么和中国人民,到"九·一八"之后的抗战时期在边疆问题的危机中形成边政学体系,以及早在1928年吴文藻先生最早提出多民族国家论,所以多民族国家论的基础可以分为几个阶段。这批知识分子讨论的是如何在国家与民族的关系中维护国家统一体的概念,这是很有意思的学术思考。

国外对中国民族研究有几种观点。第一种观点需要回顾1986年底《美国人

---

① M. Fortes, "Some Reflections on Ancestor Worship in Africa", in M. Fortes and G. Dieterlen eds. , *African Systems of Thought: Studies Presented and Discussed at the Third International African Seminar in Salisbury, December* 1960, London: Oxford University Press, 1965.

类学家》(*American Anthropologist*) 发表了澳大利亚学者巴赫德与费先生的对话,对话的核心是讨论受意识形态影响的中国民族识别。巴赫德批判意识形态的民族学忽视了当地的文化体系,民族识别的国家主义色彩非常浓厚。但费先生的回答非常有意思。费先生说他们在做民族识别的时候并不是完全死板地套用斯大林的概念,而是进行了修正,有自己的特色。我觉得在民族识别时期形成了中国民族学研究在特殊时期的特殊取向。这个遗产就是我们的研究如何结合中国特点和学理特点,不完全受意识形态制约。[①]

与此相关的第二个方面的质问,像包括日本学者、东京大学政治学教授毛里和子,其核心观点认为中国的民族都是在国家意识形态中"被创造的民族"。这构成了一个问题。这一类研究不能简单地对之进行全部否定或全部肯定,这涉及中国所有民族的构成与中国的历史和文明过程是有机地结合在一起的,这些民族不是分离的,而是有互动的关系。简单地以创造的概念或虚构的概念或建构的概念来讨论中国的民族问题是非常危险的。这里就回应了关于实体论和建构论的讨论如何在民族研究中进行分类并处理理论思考。这可能会构成中国民族研究在国际对话中一个很重要的基础。

事实上,到今天为止,针对族群边界也好,针对民族问题也好,建构论和实体论是两个主要的方向。在中国的民族研究中实体论和建构论会找到它们的结合点:实体中的建构与建构中的实体,有很多关系可以结合起来思考。这样就回应在民族研究中,国家人类学(national anthropology)与自身社会人类学(native anthropology)在国际话语中完全有对话点。费老是国家人类学与自身社会人类学研究的集大成者。在民族研究中恰恰反映了国家主义人类学所扮演的角色,而国家主义人类学是和全球不同国家处理多民族社会连在一起的,包括由此带来的福利主义、定居化、民族文化的再构等问题,这构成了中国人类学的一大特点。针对目前出现的民族问题,如西藏问题或新疆问题,人类学需要重新反思国家话语与全球体系的关系。这也就是刚才说的国内问题国际化。

尽管国家人类学与自身社会人类学这两个概念在西方人类学话语里是近十多年里较为瞩目的领域,但如果把这些概念纳入到中国人类学的框架中,我们会发现近百年中国人类学发展的特色之一恰恰反映了自身社会人类学和国家人类

---

① 费孝通:《经历见解反思——费孝通教授答客问》,载《费孝通文集》(第十一卷),群言出版社1999年版,第143—205页。

学的特点。而费先生的研究又是这两大领域的集大成者。他的"三篇文章"如汉人社会、少数民族社会、全球化与地方化的研究和思考,把社会、民族与国家、全球置于相互联系、互为因果、部分与整体的方法论框架中进行研究,超越了西方人类学固有的学科分类,形成了自己的人类学方法论,扩展了人类学的学术视野。他是一位非常智慧地把学术研究和国家的整体发展、多民族共同繁荣的理念有机地结合起来达到对中国社会认识的学者。在当前面对复杂的国际问题国内化、国内问题国际化的现状,费先生留给我们的学术遗产还需要我们不断地继承和发扬。

民族研究本身是一个全球化的问题。例如狩猎民族是小民族,当时费老破题做小民族研究,我对鄂伦春等族进行了调查,他们有一部分生活在俄罗斯;一边还在狩猎,另一边已经定居,禁猎。涉及狩猎社会的整个问题已经不仅是意识形态的问题,而是与巴西、加拿大、东南亚的狩猎民族有共性:国家的影响非常大,所以国家人类学的概念可以成立,这一点恰恰可以开展国际对话。我觉得这方面的研究应超越意识形态,关心原住民面临的共同问题在什么地方。这又涉及第四世界的理论。关于第四世界的人类学有个网站,发出了原住民的声音。一国之内的非主流民族形成了世界网络,由此产生了民族的社会运动。像加拿大有民族声称自己是第一民族,紧接着台湾地区的原住民、日本的阿依努人都发出类似的呼声。这类问题在不同的地方都会出现,说到底就是民族自觉和文化自觉的问题。我觉得费老提出的文化自觉概念可以解释全球化背景下不同国家或地区原住民的文化表象,这也是中国学者很重要的贡献。

龚:刚才您谈的是国内问题国际化,那么您说的国际问题国内化又是指什么?

麻:长三角和珠三角都成为了世界工厂,进入了国际资本体系的循环当中,这是从经济体系来考虑。另一方面,从宗教和民族的角度来考虑,中国有这么多跨界民族,有这么大的宗教群体,例如全球伊斯兰教会对中国的伊斯兰教产生很大影响。20世纪80年代以后,中国伊斯兰教有很大的变化,就是回儒去儒家化,新建的清真寺建筑都是向西看的,受到很大的国际影响。此外,国际问题中的生态问题和民族问题,都会涉及中国本土的民族、宗教、地方群体等一套地方文化体系。所以在某种意义上,民族研究已经与国际关系、政治学融为一体。人类学是超域研究,一方面超越学科界限,另一方超越地域边界,很可能它的方向会变成超域科学。

民族问题一方面将民族本身作为问题来讨论,但民族是常态不是问题。关于民族问题,国外学者没有抓到国家人类学的本质与根本问题。中国多民族社会应回应什么问题?我觉得有几个方面。第一是中国民族的丰富多样性,涵盖了不同类型社会,这是静态的;第二,从动态的角度看,在民族流动性方面可以和西方人类学进行有效的对话;第三关于文化取向,学者们常用文化类型来讨论小民族,却从作为问题域的民族来讨论大民族,这存在一定的问题。

现在,海外的中国研究里面对于中国民族研究有两种取向。一种偏文化取向,例如对西南民族的文化类型进行讨论。而另一种取向将藏族、回族等大的民族放到作为问题域的民族来讨论。这反映了人类学和民族学的两大取向:政治取向和文化取向。但不论采取什么取向,我们首先要强调任何的民族研究应当是在民族的历史认同的基础上来展开讨论,不能先入为主地认为某个民族是作为政治的民族,要回到它的文化本位。

相当多的研究者在讨论中国民族的时候,是站在一种疏离的倾向中来讨论问题,忽视了民族之间的互动性、有机联系性和共生性。也就是说,将每个民族作为单体来研究,而忘记了民族之间形成的关系体,所有民族形成了互联网似的互动中的共生关系。这恰恰就是多元一体为什么重要。多元不是强调分离,多元只是表述现象,其核心是强调多元中的有机联系体,是有机联系中的多元,是一种共生中的多元,而不是分离中的多元。我解读多元一体概念的核心事实上是同时强调民族文化的多元和共有的公民意识,这应当是多民族中国社会的主题。

龚:麻老师开始提到全球化与地方化的问题,您对我们做的海外民族志有何看法?

麻:这是我想谈的第三块问题。关于海外民族志我在你的书(《信徒与公民:泰国曲乡的政治民族志》)的序言中已经谈到。去年12月《开放时代》举办论坛,当时谈到中国人类学如何进入海外研究视野,这是与中国的崛起和经济发展紧密相连的。首先,海外研究本身应该放到中国对世界的理解体系当中,它是通过对世界现实的关心和第一手资料的占有来认识世界的一种表述方式。

其次,强调中国与世界整体的关系,这种关系是直接的。比如中国企业进入非洲,如何回应西方提出的中国在非洲的新殖民主义的问题?人类学如何来表达特殊的声音?以日本为例,日本在20世纪60年代经济高速增长之后,它的人类学家遍布全世界,日本文化人类学学会的两千多名会员遍布世界上的任何角落,这与日本的经济扩张是联系在一起的。中根千枝反思日本人类学的收获,她说为什么经济学、政治学、国际关系学在介入国家政策时很强势,为什么人类学会比较弱势,是因为人类学田野的第一手研究还不够,只有第一手资料积累到一定程度,才能对社会提出综合性判断。

最后,在对于异国异文化的认识方面,如何从中国人的角度来认识世界?近代以来有这么多聪明的中国人,他们对世界的看法有一套的积累。这套对海外的认知体系与我们今天人类学的海外社会研究如何来对接,也就是说,中国人固有的对海外的认知体系如何转化成人类学的学术话语体系。还有就是外交家的努力和判断如何转化成人类学的命题。大的方面,如费先生在 2000 年的人类学中期会议上提出的"创造和而不同的全球社会",谈的就是如何以中国文化为基础来迎接世界。

关于中国传统的认知体系有一个很有意思的讨论。从传统上说中国人具备对异文化认知的经验,这种经验可以扩展到对于世界体系的认知。有一次在中日全球化问题国际会议上,我和前日本常驻联合国的副秘书长明石康先生在一个组,和他谈论到中日之间的问题。我用人类学来解释。我说中国就像传统上没有实行计划生育的大家庭,兄弟姐妹很多,在历史上汉人社会有与外族社会相处的经验,文化上互动和杂交,汉族本身就是多元文化的产物。在接触过程中,汉人社会对异文化的了解和认识形成历史经验体系,面对不同文化,汉人社会有一套处理的经验,中国社会具备与异文化打交道的历史基础和经验。而日本社会与今天的独生子女政策相似,日本是岛国,是单一民族,大和民族的概念是单一的,缺少对异文化的历史认知基础,因此对异文化的理解非常有限。当其对异文化理解时,采取的是扩张政策和侵略政策。

中国有这么多的历史经验,在面对海外社会的时候,这套经验的积累恰恰是我们认识海外社会很重要的基础。包括中国人和人打交道,有一套东西,并已经内化到每个人的细胞里面。有人说英语语法和汉语很像嘛,中国人和美国人很容易接触,我就想这个道理,为什么很容易接触。熔炉的概念还是很强,中国人有这个熔炉意识。和而不同的理念造就了中国的世界观,即对世界的观念的认知体系。我觉得这一点也是大国崛起的文化软实力,不能被我们忽略。

此外,关于"毛时代"提出的三个世界的划分,不能完全把"毛时代"的东西否定掉,正是在"毛时代"奠定了第三世界联合起来的概念,一直影响到我们今天在全球体系中的地位和角色。穷朋友怎么支持我们?我认为对于第三世界的研究还应当是我们海外研究的重要基础。在目前有限资源的情况下,应当以"毛时代"留下的传统来讨论第三世界对不同时期中国形象的影响,回升到第三世界与中国的关系的对话。

第四点,海外研究还要强调与中国的有机联系性,比如"文化中国"的概念。杜维明提出文化中国的概念,人类学如何来面对? 五千多万华人在海外,华人世界的儒家传统落地生根之后的本地化过程以及与有根社会的联系,恰恰构成了中国经济腾飞的重要基础。我们可以设问,如果没有文化中国,中国经济能有今天吗? 我当时在"作为方法的华南:中心和周边的时空转换"一文中谈到这个问题。

另外,海外研究一定要重视跨界民族。这一块研究的贡献在于与中国的互动性形成对接。此外,现在很大的问题就是中国人在海外,不同国家的新移民的问题,如贸易、市场体系的问题,新的海外移民在当地的生活状况值得关注。同时,不同国家的人在中国也是海外民族志研究的一部分。我觉得海外民族志应当是双向的。国内的朝鲜人、越南人、非洲人,还有在中国的不具有公民身份的难民,也都应该构成海外民族志的一部分。这方面的研究一方面是海外的,另一方面又是国内的。海外是双向的,不局限于国家,海外民族志研究应该具有多样性。

四、中国人类学的田野作业及学术伦理问题

龚:中山大学作为中国人类学的重镇,特别强调学生的田野实践,在体制上确立了田野规范,能不能谈谈这方面的情况?

麻:我觉得田野是人类学学生训练的基础。中大规定本科论文田野调查一个月,硕士论文三个月以上,博士论文十个月以上。这是一个规矩。田野调查对学生培养来说是成人礼。我很不主张学生做很现代的研究,成人礼意味着回到最普适的研究中来,传统研究很重要。有人说亲属研究死掉了,很多西方学者是这么说的,但那是针对西方的社会。中国社会恰恰是亲缘关系非常浓厚的社会,我们在这方面的研究还没有特别多的经典出来。

田野中出现的问题有几个趋向。一是田野的伦理价值判断问题,如果田野讨论实践、讨论行动的问题,那么田野的学理意义就会受到质疑。二是很多田野没有观照社会学调查,只是一个社会调查而已,忽略了田野调查对象中人们的思

想和宇宙观。田野过程本身是作为思想的人类学而非资料的人类学得以成立。许烺光很早就在《宗族、种族和俱乐部》里提出,社区研究是发现社区人们的思想,不是简单的生活状态,之所以产生这种生活状态背后有一套思想体系的支撑。①

三是表面上接受后现代人类学,忽略了人类学最传统的田野经验,把田野中的资料过度抽象化,抽象到田野已经不是田野本身,而是研究者的一套说理体系。如果把当地人的观念简单抽象化,这种田野是还原不回去的。这涉及研究者和研究对象的关系,这恰恰是后现代人类学中很有意思的命题:研究者的主观性经验的积累与研究成果之间的关系。这自然就会涉及刚才所讨论的命题:自身社会的人类学研究,包括本民族学者研究本民族。像日本的柳田国男一直强调一国民俗学,在一国民俗学的体系中部分学者可能会进入文化民族中心主义的框架里。恰恰是文化民族主义的思维方式影响了田野的真实性;现在中国的本民族学者越来越成熟,会带来一些问题。在这个意义上,价值中立在某种程度上是神话。

四是田野经验反思,是指对殖民地经验的反思。在海外民族志研究中,这永远是个问题,即使在中国研究中也存在这个问题。日本占领中国期间做的满铁调查就是非常典型的。如果做追踪研究,那么殖民主义人类学研究的基础要多方面考虑,涉及对殖民地人类学研究经验的反思,以及反思殖民主义与近代人文社会科学诸学科的关系。

龚:麻老师谈到的田野规范不只是停留在技术指标的层面,而是对田野中的基本问题进行反思。您能否谈谈怎样实践有效的田野?

麻:质性研究的这套体系很需要与人类学田野方法结合,这里面涉及两个基本的出发点,与社会学有很大的不同。社会学在没有进入实证之前,假设已经先行。人类学需不需要假设,这是困惑。到底是先有问题意识,还是通过田野观察出来问题意识,这一直是个打架的问题。我觉得为什么要强调长时间田野,恰恰是长时间田野能唤起对当地人思想体系的梳理,然后从当地人的思想体系中找出所要讨论的问题意识,而这种问题意识的梳理事实上是对人类知识体系的贡献,因为是在没有框架的基础上找出了他的思想体系、他的宇宙观和人观。而不是先有一个理论性的概念,来提炼它,相当于先有一个筐子,然后把资料一块一

---

① 许烺光:《宗族、种族与俱乐部》(薛刚译),华夏出版社1990年版。

块地分别装进去,把不同的部分扔到筐子里。这种部分是破碎的,装到筐子里以后表面上是一个整体,但事实上把当地社会的整体性抹杀掉了,是抽离出来的。任何田野都如同俄罗斯的套娃,哪怕搜集得到的是部分的资料,但它还是整体的部分,不是简单的部分,这才能形成对整体的认识。

人类学的整体论不能被忽视。马林诺斯基创造的整体论的意义还是很大,例如他考虑库拉圈的时候已经在强调整体的概念。他讨论独木舟上的每一种纹饰与当地社区的整体性联系在什么地方。又如仪式理论中的呼唤权威,仪式的长老可能老了,在当地社会没有权威了,但他可能通过自身的魔力呼唤人们接受他的仪式。在整体里面有矛盾的地方,有排斥,但最终能整合,所以一定要强调田野资料的有机的联系性。中根千枝在《田野调查的经验》中说,田野中为什么要强调社会而非文化,因为文化捉摸不定,看不见,摸不着,你的文化还是我的文化,很难剥离,社会却是稳定的。她考虑到人类学家能控制多大规模的社区,她认为两百人左右的社区最适合人类学家控制。

上升到理论角度,田野调查本身涉及很重要的方法与方法论的问题。我为什么要写"作为方法的华南"①,很多人觉得这个标题连语句都不通,其实我有我的说理方式。一是区域的研究要有所观照,比如弗里德曼对宗族的研究成为东南汉人社会研究的范式,②他在后记里提到一个很重要的命题,就是中国社会的研究如何能超越社区,进入区域研究。我觉得有那么多不同国别的学者来研究华南社会,华南研究在某种程度上形成了中国社会研究的方法论的基础,是很重要的基础,我是在这个意义上来讨论问题,再加上它又把静态的、动态的和流动的不同范畴包含进来。在一定意义上,人类学传统的社区研究如何进入区域是一个方法论的扩展,用费先生的话来说就是扩展社会学。人类学到了一定程度如何来扩展研究视角,如何进入区域,是一个重要的问题。

与方法论相关的另一个问题是,作为民俗的概念如何转化成学术概念。在80年代杨国枢和乔健先生就讨论中国人类学、心理学、行为科学的本土化,本土化命题在今天还有意义。当时只是讨论到"关系、面子、人情"等概念,但在中国社会里还有很多人们离不开的民间概念,例如分家、娘家与婆家。李霞的《娘家与婆家:华北农村妇女的生活空间和后台权力》撼动了汉人社会亲属研究一个很

---

① 麻国庆:《作为方法的华南:周边和中心的时空转换》,《思想战线》2006年第4期。

② Maurice Freedman, *Lineage Organization in Southeastern China*, London: Athlone Press, 1958.

重要的基础,因为汉人社会亲属研究是以男人为核心来讨论问题,而她的研究是以女人为中心,这种讨论将民俗的概念上升到学理的问题,这一类的研究有方法论意义。还有像我们很常用的概念,说这人"懂礼",懂礼表现在哪些方面,背后的观念是什么?还比如说这人很"仁义",义在何处?这些都是中国研究中很重要的方面。藏族的房名与亲属关系很有联系,还通过骨系来反映亲属关系的远近。这些民俗概念还应该不断发掘。又比如日本社会强调"义理",义理如何转换成学术概念。义理与我们的人情、关系、情面一样重要,但它体现了纵式社会的特点,本尼迪克特在她的书中也提到这一点。民俗概念和当地社会的概念完全可以上升为学理概念。

这也涉及跨文化研究的方法论的问题。就像费先生说的要"进得去,还得出得来"。一进一出如何理解?为什么跨文化研究和对他者的研究视角有它的道理,其实就是相当于井底之蛙的概念。就像画个井字,在井外面的任何一个部位看井里面都是全方位的,但在井里面却只能看到里面。还有"不识庐山真面目"的概念,都反映了这些问题,中国人本身的这些智慧恰恰是和我们讨论的他者的眼光或跨文化研究是一体的,判断方式是一样的。

费老在方法论方面有一个重要贡献,就是他所提出的民族走廊的概念,这个概念很有意思。像藏彝走廊、河西走廊和岭南走廊,走廊里恰恰超越了民族边界,完全是互动的,因为所有的走廊都和多民族关系联合在一起。如藏彝走廊是藏文化的最东端和汉文化、羌文化的交错,形成汉藏结合部。就像我前面提到的这种结合部能不能成为中国人类学和民族学讨论的问题?童恩正从考古学讨论半月形文化,比如说长城是个结合部,很多山脉、河流都是结合部,最近萧凤霞和刘志伟在做"山水之间",都在讨论交叉部位、边界中的人的关系。我觉得费先生提出的民族走廊的概念很有道理。中大刘昭瑞教授的博士生马宁的论文讨论藏汉结合部,我从中很受启发。但是,要注意如何将关于藏汉结合部的描述上升为学理。实际上很多民族都处于汉文化和藏文化这两大体系之间,结合部很可能构成人类学的问题意识。这是深化巴斯(Fredrik Barth)的族群边界理论,在中国具体运用的一个方面。我觉得边界概念构成人类学的永恒主题。有的时候是有边无界,有的时候边是虚无的、想象的,但界是清晰的,有的时候界是模糊的,但边可能是清晰的。这里面有很多的思考空间,在不同的田野中有不同的反映。

龚:您刚才说田野调查是人类学家的成人礼,那么如何看待民族志?

麻:田野经验应该是多位的、多点的,这很重要。要达到对中国社会的认识,要扩大田野。民族志之所以被人质疑,是因为民族志的个人色彩浓,无法被验证。不像做历史或者做哲学,有对话的平台。但是这个问题如果回到刚才所讨论的人类学学理框架里面,回到人与问题域的关系的状态里面,这些问题不存在。

洪颖:有人说如果人类学调查要做到中立,还不如放一台摄像机在那进行记录。

麻:像影视人类学研究,就把摄像机交给当地人,让他们自拍。有一年日本某大学做农业经济的学者,在东北农村调查家庭经济消费,付给农民钱,让他们记录自己的生活。我觉得这在人类学的伦理上会有问题。因为农民可以为了拿到钱随便写,这是控制不了的,材料的可信度就会受到质疑。另外,图像资料只是外在的表现,进入不了人的脑袋,发掘不到人本身。发掘到人本身才是人类学田野的意义。

龚:您如何看待人类学学术伦理?

麻:学术伦理非常重要。2002 年美国人类学协会年会的议题之一就是"人类学田野工作伦理"。伦理问题的起源在哪儿呢?我们在梳理人类学经典的时候可能忽视了巴西的雅诺玛玛(Yanomamo)社会研究,那是一个热带雨林的狩猎民族,在转型变化过程中当地人的疾病、身体的变化、文化的适应和生态的变化都很复杂,很多医学人类学的经典理论是从这里出来的。通过研究雅诺玛玛社会成名的作者被披露未经许可,参与了生物医学计划并对当地人造成了伤害,由此引发了伦理讨论。第二个伦理讨论的事件发生在泰国,人类学家建议原住民按照国家理念从山上迁移,那么人类学家做出建议的时候所依据伦理判断是什么?这方面的问题和中国的关系很大。中国到处都在定居化,需要重新对进步和文明进行思考。什么是进步?什么是文明?要回到人类学最朴素的起点上。包括我研究鄂伦春族,我提出的问题就是进步是什么?从狩猎转为农业就是进步吗?[①] 西南和西北那么多民族都被认为进步是定居,这要打个疑问。如果人类学家盲目地向当地输出农业先进理念,我觉得有违人类学学术伦理。虽然国家理念有这种需求,但人类学家要客观地讨论问题。

龚:那您认为学术伦理要有一些什么基本的原则?

---

① 麻国庆:《开发、国家政策与狩猎采集民社会的生态与生计——以中国东北大小兴安岭地区的鄂伦春族为例》,《学海》2007 年第 1 期。

麻：学术伦理的构成要回到人类学本身的使命以及人类学的说理方式,它所揭示的社会的真实性的原则在什么地方。这种真实性不是外来的刺激,而是要站在本地人的观念中看问题。有一个命题:开发是否合理? 并不是所有的开发都是合理的。经济学家谈开发会考虑成本和效率问题,经济学追求的是利益最大化,但人类学不是这样。人类学思考本身回到当地人的生存状态和发展的限度。发展是有限度的,不是盲目的,这是人类学对于发展理念的一个重要认识。有时候发展不如不发展。"发展是硬道理",是有时空限定的,过度追求利益会带来问题。人类学思考本身除了当地人的出发点之外,很重要的一点是考虑综合性,包括生态问题、长期发展的问题和适应的有限度问题等等。在小民族研究中费先生提出"保人还是保文化",现代性是不是以牺牲文化为代价,这是一个很大的命题。从人类学的思考来说,文化的延续性对于社会的存在和发展是非常重要的,这一点与其他学科不一样。

龚：我觉得谈人类学的学术伦理可能要关联到学者的自觉意识。

麻：这涉及学者学术文化的自主性。当然人类学伦理中非常重要的一块涉及隐私的问题如何处理,还涉及材料的相互验证。一个好的民族志报告敢不敢拿给当地人看? 这也涉及当地人对调查的评价。另外,学术伦理还涉及对过去的民族志调查的利用问题。还有就是要区分哪些是自己的田野资料,哪些是文本资料。

学术的学理性和应用性涉及费先生所强调的迈向人民的人类学和学以致用的观念之间如何协调的问题。曾有一位日本记者采访费老,是我做的翻译,直到现在我觉得费老的回答很有意思。这位记者说,你既是官员又是学者,这在国外是很难想象的,您一直强调学以致用,它会不会影响学术的本真性。费先生没正面回答他,他说作为人类学和社会学学科,它的知识来自民间,作为学者就是要把来自于民间的知识体系经过学者的消化后造福当地,反馈回当地,而中国本身也有学以致用的传统。费先生所追求的核心问题就是那本书名所说的"从实求知",其实我觉得他的这番话就把这些问题都解决了。

文化间性与学科认同
——基于人类学泰国研究经验的方法论反思

龚浩群*

一、引言：中国人类学海外民族志研究的新路径

近几年来,中国人类学的海外民族志研究已经取得了初步的进展,然而,在如何从事海外研究方面还亟须进行方法论层面的反思。① 笔者认为,方法论上的自觉包含两个层面的问题:海外民族志研究如何成为中国人类学的新的知识生产方式,②以及随着中国——西方人类学中的他者成为凝视世界的主体,如何重新塑造中国人类学与世界人类学的关系。

在与西方人类学学者和日本人类学学者交往的过程中,笔者感到中国人类学要拓展一种不同于西方或日本殖民人类学历史的新路,必须进行自觉的方法论反思和人类学理论重构。2005 年,一位美国知名人类学家到中国农业大学发

---

* 龚浩群,中央民族大学世界民族学人类学研究中心副教授。本文发表在《广西民族大学学报》2013年第 3 期。

① 北京大学出版社出版的"走进世界海外民族志大系"系列丛书反映了海外民族志研究的初步成果,其中包括龚浩群:《信徒与公民:泰国曲乡的政治民族志》,2009 年;康敏:《"习以为常"之弊:一个马来村庄日常生活的民族志》,2009 年;吴晓黎:《社群、组织与大众民主:印度喀拉拉邦社会政治的民族志》,2009 年;李荣荣:《美国的社会与个人:加州悠然城社会生活的民族志》,2011 年;张金岭:《公民与社会:法国地方社会的田野民族志》,2011 年。相关评论参见庄孔韶、兰林友:《我国人类学研究的现状与前瞻》,《中国人民大学学报》2009 年第 3 期。与此同时,中国学界已经关注到人类学海外研究所面临的知识论问题,其中包括中国人类学如何克服西方人类学所带有的殖民主义色彩。参见高丙中、何明、庄孔韶等:《中国海外研究(下)》,《开放时代》2010 年第 2 期。

② 参见高丙中:《人类学国外民族志与中国社会科学的发展》,《中山大学学报》2006 年第 2 期。

表演讲,在讨论中国人类学现状时,笔者提到中国人类学学者开始到海外从事田野调查,并试图创造新的知识生产方式,这有可能改变以往西方研究者与被研究对象之间的权力关系。这位美国人类学家回答说,中国是大国,她并不认为中国人类学的海外研究能够超越研究者与被研究者之间,或者看与被看之间的不平等关系。

日本学者奈仓京子表达了类似的看法。她认为中国人类学现在开展的海外研究难以超越日本殖民人类学或帝国人类学的老路子。她这样评价中国人类学者的海外民族志研究:"近年也有一些中国研究生去海外长期调查的事例,但以东南亚国家、印度等经济情况比中国落后的国家为主。调查者因此而带有较强的优越感,调查对象则单向地为调查者服务,这种情形在海外长期调查时并不少见。"①考虑到日本人类学的发端与殖民主义的密切联系,②日本人类学学者的上述武断评论也是情有可原的。

美国与日本同行对于中国人类学海外研究的判断在一定程度上拘囿于各自所处的学科发展路径。他们都从研究者与被研究者之间"看与被看"的权力关系来定义海外民族志研究,却忽视了研究者与被研究者之间复杂的互动过程:研究者在看的同时也被看,被研究者在被看的同时也在看对方。简单地将研究者等同于看的主体,将被研究者对应于被看的客体,在事实上忽略了被研究者的主体性。另一方面,西方人类学和日本人类学的海外研究传统基本上是在对象国的本土人类学③缺失的背景下建立的,因此,西方人类学家成为被研究文化的唯一

① [日]奈仓京子:《"他者"的文化与自我认同》,《广西民族大学学报》2009 年第 5 期。实际上,截至奈文发表时,中国人类学学者不仅在发展中国家如泰国、蒙古、马来西亚、印度开展研究,而且也在美国、澳大利亚、德国、法国、日本等发达国家开展田野调查。

② 麻国庆:《现代日本人类学的转型和发展》,《民族研究》2009 年第 1 期。该文指出:日本人类学从建立时起就打上了帝国主义和殖民主义的烙印;在第二次世界大战以后,日本人类学的海外研究仍以原有的殖民地为调查的中心,而对非洲、美洲等地区的研究主要是在经济高速增长之后的事情;近年来,日本人类学界由后殖民主义的讨论引发了对殖民人类学的反思。

③ 所谓本土人类学,指的是人类学学者对于自身所处文化和社会进行的研究,与以海外社会为研究对象的国外人类学形成比照。随着发展中国家高等教育的普及和人类学学者队伍的壮大,对于本土文化的研究成为许多发展中国家的人类学主流。有学者按照受众和写作语言将本土人类学家区分为两类:一类被称作地方人类学家(indigenous anthropologist),指的是人类学家与被研究者拥有共同的文化背景,用母语为来自本文化的读者写作;另一类被称作家乡人类学家(native anthropologist),指的是那些在西方接受教育、回到家乡进行研究的人类学者,他们与报道人拥有相同的语言和文化背景,但是他们使用外文写作,为外国读者充当文化译者。这两类本土人类学的区分不是绝对的。参见 Shinji Yamashita, Joseph Bosco, and J. S. Eades, "Asian Anthropologies: Foreign, Native and Indigenous", in Shinji Yamashita and Joseph Bosco eds., *The Making of Anthropology of East and Southeast Asia*, New York and Oxford: Bergbabn, 2004, pp. 16-17。

代言人。后现代人类学所强调的人类学研究中的权力关系更多的来自于西方人类学学者与本土人类学学者之间的断裂,西方人类学学者与本土人类学学者之间不能互为知识主体,不能共有知识生产的平台,这是一种更为深刻的权力关系。

中国的本土人类学研究近年来在很大程度上也陷入了西方—他者的二元对立模式当中。新时期中国人类学重建之后,随着西方人类学理论的引进,作为本土人类学家的中国人类学学者能够自觉地与西方人类学进行对话。因为少有第三方的介入,海外人类学的中国研究几乎就等于西方人类学的中国研究(日本人类学研究的影响较弱),因此,中国的本土人类学长期以来是在中—西视角中看问题,自觉或不自觉地将西方理论当作批评的靶子,却忽视了中国和西方之外的其他研究主体和研究取向,其后果是在反对西方中心论的过程中深化了以西方理论为坐标的趋势。① 不少学者不满于西方理论的主导性地位,提出人类学本土化的主张,还有学者提出要用中国传统的社会文化概念来取代西方概念。这种自觉意识难能可贵,但却是不够的——如若缺乏对于世界知识体系多样性的理解,将会陷入狭隘视野和极化思维当中,并有可能演化为在怀旧情绪和对西方中心主义的抗拒性姿态中塑造出中国中心的帝国人类学。

如何从由西方主导的、带有很强殖民主义色彩的国际人类学(international anthropology)走向多主体和多视角的世界人类学(world anthropology)呢? 中国人类学正在开展的海外民族志研究能否摸索出新的途径? 近年来关于世界人类学新格局的讨论令笔者深受启发。

90 年代以后,有人类学家提出要建设一个新的人类学家的跨国共同体,这是"世界人类学群"(world anthropologies)项目的一部分。世界人类学群的新的可能性要在世界人类学家之间的交流和对话中实现,这就要求在当前的实践中进行认识论和制度性的转变。世界人类学群的理念与我们过去所讨论的人类学国际化有所不同,这体现在四个方面:(1)随着全球化进程,世界学术界的不同声音有了更多的表达机会;(2)通过共同的政治行动,一个更民主和跨越国界的人类学家共同体将形成;(3)人类学家的写作不局限于某个特定的国家的立场;(4)只

---

① 这从介绍和翻译国外人类学理论的著作中可以看出来,绝大多数著作都是在引介西方理论。而从本土研究著作的参考文献来看,在理论方面的外语文献中,英文文献占主导地位。

有将人类学风格的支配性与特定的权力关系联系起来,我们才能理解它。① 在世界人类学家共同体的形成过程中,对人类学知识生产的多样性和复杂性的忽视是一个关键性的问题。

从最终目标上来说,世界人类学群的政治和理论目标可以概括为文化间性(interculturality)而不是多元文化主义(multiculturalism):"多元文化主义承认文化的多样性、文化差异,倡导尊重他者的相对主义策略,却往往强化了文化之间的分割。与此不同的是,文化间性指的是对抗和纠缠,是群体之间建立联系和交换时发生的一切。两个术语假定了社会生产的两个不同模式:多元文化主义假设了对于异质性的接受,而文化间性隐含了不同的人如何在协商、冲突和互惠的关系当中成为他们自己。"②因此,世界人类学群的形成不是基于各国人类学传统的分立呈现,而是强调他们之间的接触、相互影响以及在相互理解的基础上所产生的成果。

本文试图强调文化间性应当成为今天中国人类学者从事海外民族志研究的重要方法论概念,这意味着我们必须重视对象国的本土学者的经验和观点,与对方进行交流并使之成为知识生产过程的构成要素。笔者试图以自身的泰国研究经历为个案,讨论如何在与泰国本土学者发生交互作用时认识他者和进行反思,并以此来探讨形成世界人类学新格局的可能途径。

二、文化间性的民族志寓意:泰国研究经验的反思

如果说"理解其实总是这样一些被误认为是独自存在的视域的融合过程"③的话,那么,民族志研究所希冀达成的文化理解必然经历调查者与被调查对象之间从隔阂、误解到融合的过程。而在海外民族志研究当中,在海外调查者与被调查者之间还存在第三方群体,即本土人类学者或本土社会科学工作者。海外民族志研究者与本土学者之间因为社会文化背景与学术传统方面的差异,往往会在问题诉求与研究路径方面做出不同的选择,并对西方学术采取不同的运用策

① Gustavo Lins Ribeiro and Arturo Escobar, *World Anthropologies:Disciplinary Transformations within Systems of Power*, Oxford and New York:BERG, 2006, p.2.

② 转引自 Gustavo Lins Ribeiro and Arturo Escobar, *World Anthropologies:Disciplinary Transformations within Systems of Power*, Oxford and New York:BERG, 2006, p.5。

③ [德]伽达默尔:《真理与方法》(上卷)(王才勇译),辽宁人民出版社1999年版,第393页。

略。与本土学者的交流有助于海外研究者克服自身的单一视野,在自身、对象国知识界与西方知识界的复杂互动中形成多视角研究和学科认同。因此,与本土知识界的交流及其产生的文化间性应当成为民族志研究的必要组成部分。

笔者自 2003 年正式开展人类学泰国研究以来,与泰国学者之间经历了从隔阂到交流与理解的过程,对这一过程的民族志描述为探讨以上问题提供了个案。与对象国知识界的文化间性的产生首先要求海外研究者克服语言障碍,打破国界隔膜,并本着对于本土人类学的尊重的精神,在阅读和引介本土人类学成果的基础上与之开展对话和交流。

(一) 隔阂与内外视角差异

中、泰人类学家之间的交流主要在两国的邻近地区进行。来自泰国北部和东北部的人类学家与中国云南的人类学界有较多的交流和合作,但是曼谷人类学界和北京人类学界的交流却极少,远远不及他们各自与西方人类学的联系密度。从这个意义上来说,中、泰两国的人类学主流仍然是通过与世界人类学中心的关系来建构的。

中、泰人类学界的隔阂还体现在,双方需要通过第三方或中介方——英语和西方学术话语来进行交流。我本人于 2003 年赴泰国开展田野调查,之前我只阅读过关于泰国社会研究的英文文献,其中大多是西方学者的研究成果。这一方面是由于在国内几乎找不到泰国人类学家的泰语著作,另一方面也主要是由于当时本人的泰语水平极为有限。通过成为泰国朱拉隆功大学(Chulalongkorn University)的访问学生,我认识了该校政治学院的院长阿玛拉教授(Amara Pongsapich)和她的学生高娃。因为我本人对于泰国知识界的现状毫无所知,而且语言交流不顺畅,因此我在田野调查期间与本土学者的交流受到很大的限制。

另一方面,泰国学者对于中国和中国学界的了解也非常有限。① 阿玛拉本人在美国接受教育,70 年代在美国华盛顿大学拿到人类学博士学位。她对于中国仍带有意识形态上的怀疑。2009 年雨季我们再次见面,当我告诉她自己在中国社科院工作的时候,她似乎还有点担心中国社科院的官方性质,直到得知我申请

① 泰国知识界对于周边国家,如缅甸、老挝、柬埔寨、越南等国的研究在量上似乎远远超过了对中国的研究。我在朱拉隆功大学泰学信息中心(Thai Information Center)查阅资料的过程中发现,中心将关于缅甸、老挝、柬埔寨等国的研究视作泰国研究的一部分,这可能是由于泰国与这些国家地理上相邻、文化上相近以及历史上的亲缘关系。

到福特基金准备到美国访学时,她才露出欣喜和放松的表情——我们仍在通过西方来建构认同。

我于 2003—2004 年在泰国中部开展田野工作,在此期间,我隐约感受到我与泰国本土学者之间在观点上的差异,这部分源于外部视角和内部视角之间的差异。这些差异在某些时候能够使我校正自己的研究视角,但更多时候,却让我感到我们之间在价值诉求方面的不同取向。

阿玛拉教授被校方指定为我的指导老师,她最早了解到我的研究计划。当她得知我以公民身份(citizenship)作为研究的核心概念之后,阿玛拉建议我到泰国北部或者泰国南部的少数族群中做研究,或者去研究妇女问题。或许在她的理解当中,泰国中部——国家的文化、经济和政治中心不应当是公民身份有显著问题的地方。但是我告诉她我希望了解泰国的普通大众或者主流社会对于公民权利与义务的理解。阿玛拉教授知道到我的想法之后,帮助我在泰国中部选择了调查点。

在跨度长达近一年的田野过程中,我在田野调查的初期、中期和后期分别与阿玛拉教授有过谈话,我们的看法当中有冲突,也有共识。初期我谈到泰国社会中的等级制度成为公民身份的矛盾面时,她使劲地摇头。她皱眉连说"等级"这个词用在泰国是有问题的。这最初提醒我不要将西方社会包括中国知识界对于泰国社会的一般看法简单地当成社会事实,否则会直接限定研究的视野和违背人类学最基本的立场——从当地人的角度来理解文化。我后来在论文中使用了"阶序"来取代"等级"的提法。我对于泰国君主制度在国家认同中的重要性的理解得到了阿玛拉教授的肯定,这一点可能是她对我的研究比较认可的地方。

阿玛拉教授早年曾编了一本名为《传统的与变化中的泰人世界观》①的英文著作,后来她逐渐从传统文化研究转向公民社会研究,并且成为泰国知识界这一研究领域的代表人物之一。我曾问她为什么会从乡村人类学转向公民社会研究,她说她最初研究文化与农村发展,后来转向公民社会,因为公民社会是社会发展的重要部分,与政治发展也有密切联系。泰国学界一般将 NGO 分为两种:一种是以社会发展为导向、政治温和的 NGO,如在教育、健康、妇女、儿童、农村发展等人道主义领域的 NGO,另一种是以政策倡议为导向、激进的 NGO,如环境

---

① Amara Pongsapich, *Traditional and Changing Thai World View*, Bangkok:Chulalongkorn University Social Research Institute; Singapore: Southeast Asian Studies Program, 1985.

NGO。尽管泰国学界也在提倡 NGO 的行动策略,即 NGO 联合媒体、学者和人民组织(地方团体)来发动社会运动的有效性,但是地方团体不包括国家主导下的乡村社团,这就仍然设定了国家与社会之间二分的边界。

我将泰国乡村社会的农民组织——合作社、医务志愿者、妇女小组等看作是国家建构的公民社会的类型,并认为这体现了国家通过赋予公民权利来实现善治的努力。我从乡村日常生活中看到,乡村社团对于乡村社会的自我组织具有重要作用,他们应当是泰国公民社会构成中的本土部分。然而,在阿玛拉看来,泰国的公民社会应当通过 NGO 来推动,那些所谓的乡村社团不过是国家机器的延伸,而且在很多时候他们的性质是相当模糊的,很难说国家主导下的农村团体能够对公民社会的发展有何积极作用。[1]

高娃是阿玛拉教授的硕士生,毕业后留在朱拉隆功大学的社会研究所工作,是专业的研究人员,目前正在本校攻读博士学位。高娃年长我两岁,来自泰国中部阿育他亚府,是她带我到她的家乡并让我第一次感受到泰国乡村生活。高娃的本科和硕士都是在朱拉隆功大学政治学院就读的,她的专业是政府管理。她自己说她是学校为数不多的来自外府公立学校的学生。在上本科期间,高娃热衷于社会活动,她把自己界定为"行动分子"(她使用的是英文"activist"),由于过多将精力投入到社会活动,她的课程成绩并不高,因此她没有申请到国外留学的机会。她的很多同学都成为了泰国内务部及其下属政府部门的官员,但是高娃不愿意到官僚机构工作,因而选择了较为清贫的研究所职位。相识之初,我和高娃之间如果说有什么共同的知识基础的话,那可能是我们对于西方社会理论的关注,我和她曾经聊过福柯,后来她还向我推荐过一部泰国学者用福柯的理论研究本国监狱的著作。但是,也就仅此而已,我当时对于泰国社会和泰国学界的了解和她对于中国社会和中国学界的了解几乎都是零,从这一点上说,我们从一开始就是很平等的关系。

高娃是我在泰国的诤友,之所以称她为诤友不是因为她对我的研究所做的直接批评,而更多的是因为她的行为方式、世界观和对本土社会的批判性态度间

---

[1] 阿玛拉提到,政府主导下的发展项目与真正的大众参与之间还存在距离。参见 Amara Pongsapich, "Strengthening the Role of NGOs in Popular Participation", in *Thai NGOs: The Continuing Struggle for Democracy*, Bangkok: Thai NGO Support Project, 1995, p.42. 阿玛拉在另一篇关于泰国公民社会的论文中,没有将政府机构主导下的乡村社团纳入考察范围,参见 Amara Pongsapich, "Politics of Civil Society", *Southeast Asian Affairs* 1999, Singapore: Institute of Southeast Asian Studies, 1999, pp.325-334。

接地对我的研究构成了尖锐的质疑,因此,她是一个有时候不太让人感到舒服的朋友。我记得去她家的时候正是佛法节,第二天我早早起床,兴致勃勃地和高娃的母亲去寺庙礼佛,而高娃对于寺庙的活动却没有任何兴趣。我问她什么时候去寺庙,她回答每年也就在泰历新年泼水节的时候去一次,那是因为如果不去的话可能不太好。我觉得寺庙里的活动很有意思,但是她嫌太闹,不够清静。在我的田野期间,我为学会了泰国国王谱写的歌曲而沾沾自喜,高娃却不以为然。我和她交往的时候仍然遵从在泰国乡村学会的礼仪,如合十礼,而高娃却更多地愿意用一句简单的"hello"来代替。她说话语速很快,我总是得很费力才能跟上,要知道我比较习惯和"传统的"、温文尔雅、语调轻柔的泰国人交谈。我最感兴趣和珍视的泰国传统文化因素——佛教、做功德和传统政体,在高娃看来似乎是些生命力不那么旺盛的繁文缛节和令人压抑的意识形态。我和她提到泰国国家博物馆的藏品时,她说:"除了佛像还是佛像,令人乏味。"说实话,虽然我也觉得国家博物馆的展品有些单调,但我还是愿意把它当作他者的神圣符号的一部分加以尊重,这似乎是人类学职业伦理和人类学方法论的要求,因此我绝不会用"乏味"来形容它。

从高娃的身上,我最初感受到泰国知识分子与我眼中的"传统"之间存在的紧张关系,我所感受和努力建构的泰国文化传统在她那里都变成了被解构的对象。在我的田野调查期间,我很需要能够将本土文化客体化的资讯人①,但是高娃不是;她不仅不是,而且她似乎一直都让我对自己的研究取向感到怀疑和不安;我所寻找的乌托邦在她的眼里根本就是不存在的,她让我感受到的泰国社会不是秩序井然的整体,而是一幅紧张和不安的图景。如果说我试图捕捉泰国社会的异域色彩和文化特质,那么,高娃却在我面前为她自身所处的文化除魅。

我最终在高娃和社会研究所其他老师的建议下选择了泰国中部的一个乡村作为田野调查点,因为那里实行的是新的乡行政机构自治制度。在田野调查期间,乡行政机构成为了我的研究重点。在我看来,泰国的地方权力下放在力度上远远超过了中国正在开展的村民自治,具有比较和借鉴意义。乡行政机构是一个实体,具有税收和社区管理等多项职能,而且是国家财政预算下拨的基层单位。虽然村民们在管理能力方面还有些欠缺,政府对于地方权力的约束也有很

---

① [美]保罗·拉比诺:《摩洛哥田野作业反思》(高丙中、康敏译),商务印书馆 2008 年版,第 145 页。

多漏洞,但是,不管怎么说,村民由此成为了自我管理的主体和地方政治的参与者,而这正是公民政治权利的最好体现。

在我开展研究的同时,高娃也正在从事研究所的一个课题,她组织团队对于某些地区出现的强权人物(phu mee ithiphon)操控乡行政机构的情况进行调查。我当时认为,强权人物的操控应当是个别现象,不应当由此否认乡行政机构的功能和优越性,因此并没有特别在意高娃的研究(这也部分由于她的报告是泰文,我当时没法读)。2005 年,我在北大举行的"中泰建交三十周年暨诗琳通公主五十华诞"的研讨会上宣读了关于泰国地方自治研究的论文,有位来自泰国法政大学的教授评价说:"你对泰国非常了解,不过,你有没有注意过泰国农村的强权人物?"或许,在这位教授看来,我的研究太理想化和简单化了。

在与泰国学者交流的过程中,我总能感受到我与他们之间的隔阂与差异。但是,迈出第一步是至关重要的。令我困扰的问题是,作为来自外部的学者,我与本土学者在面对泰国社会的现实和泰国文化的本质时,视角的差异造成了理解上的反差。这部分是由于知识诉求不同。我,作为中国学者自然会更欣赏泰国社会与文化中的优越性,而本土学者更多地采取批判现实和诉求社会变迁的态度,因此,我的研究过于"冷"(强调恒定的宇宙观),而本土学者的研究过于"热"(强调社会变迁)。随着研究的深入,我还发现,造成视角差异的另一个因素在于,我与泰国学者基于各自的价值诉求对于西方理论做出了不同的选择和强调。

(二) 乌托邦、路径差异与什么是现实

现在看来,我已完成的研究是一种带有很强浪漫色彩的异文化研究,理想化色彩很重。① 在对中国本土社会现状的质疑和反思当中,我试图从泰国研究中来寻求乌托邦。曾在英国剑桥大学任教、深受人类学大师利奇(Edmund Leach)的影响、后来到哈佛大学担任人类学教授的坦比亚(Stanley J. Tambiah)的研究,对我当时的研究取向产生了决定性影响。

在接触泰国人类学家之前,我通过国内的老师得知坦比亚的研究在西方人类学界颇有影响,这自然引起了我的重视。而坦比亚对于泰国社会的研究主要

---

① 参见龚浩群:《信徒与公民:泰国曲乡的政治民族志》,北京大学出版社 2009 年版。虽然此书也提及不同社会阶层在价值观念方面的冲突,但是,从总体上看,它描述的是一幅安宁祥和的田园生活图景,其中佛教在社会整合与国家认同中起到了突出的作用。

侧重于小乘佛教研究,直到今天,他在这个领域的影响力仍然具代表性。我也因此将坦比亚的研究当作泰人文化研究中的范式之一,即通过对于佛教与王权的理解来解释泰国的政体形式和国家认同的构成。坦比亚本人是斯里兰卡裔,早年在斯里兰卡开展人类学研究。迫于当时锡兰国内的政治形势,他于1960年后选择了另一个小乘佛教国家——泰国进行研究。① 他对于泰国的研究在很大程度上是为了反思斯里兰卡小乘佛教与种族政治的紧张关系。坦比亚对于泰国的研究实际上也是乌托邦式的,他始终在佛教整合一切的框架内来分析宗教与政治的关系甚至宗教内部的反叛者。

我的研究在很大程度上是在延续坦比亚所建构的小乘佛教政体的现代版本。在我看来,泰国曲乡村民对于功德观念和君主制度的理解充满了抗拒现代性的后现代色彩,这相较于中国义无反顾的现代化进程无疑充满了怀旧和炫目的色彩。尽管从做泰国研究的第一天开始,我就知道宗教、国王与国家三位一体是现代泰国的意识形态,但我并没有很清楚地意识到意识形态的社会含义。我过去所做的研究,似乎是在社区经验的基础上将现代泰国努力建构的意识形态重新建构了一遍:佛教徒、公民与臣民的身份近乎完美地结合在一起,尽管其内部也存在一些紧张关系。在我的田野过程中,我对意识形态在日常生活中的渗透保持一种谦恭的学习姿态——作为外来者,我也乐于为自己在这种秩序中谋求一个稳定的位置。我近乎迷恋佛教仪式中的每一个细节,当地人对于国王的崇拜情绪也深深感染了我,对于佛教和国王的崇敬成为了我所理解的泰国国家形象的表征,这种理解经我表达之后使得当地人感受到我对于他们的尊重。

然而,2006年以来泰国政治局势的混乱、无序与暴力冲突对我的研究提出了最为现实的拷问。坦比亚的研究看起来缺少对于泰国社会内部的冲突的理解,从而显得过于静态。很明显的一个缺陷在于,坦比亚的研究将佛教当作泰国社会唯一重要的文化事实,忽略了泰国的本土神灵信仰以及婆罗门信仰,甚至完全忽视了从古至今中国移民涌入泰国对其造成的文化冲击和在各种政治情境中表现出来的文化冲突。例如泰国法政大学(Thamasat University)教授、前学生运动分子和前泰国共产党成员卡贤·特加披让(Kasian Tejapira)批判了泰国官方民族主义构成的两个要素:种族化和保守的服从模式。他指出,大量进入泰国的中

---

① Stanley J. Tambiah, *Edmund Leach*: *An Anthropological Life*, Cambridge: Cambridge University Press, 2002, pp. ix-xi.

国移民自从 19 世纪晚期开始主导着泰国的现代经济部门和都市社会,他们对于泰国经济如此重要,以至于泰国官方不可能驱逐他们。但是泰国官方民族主义建立了种族化的话语,在泰族国家和非泰资本及社会之间建立和再生产不平等的权力关系,并在此基础上实践国家代理主义。泰官方民族主义的另一个维度在于向广大民众灌输保守的、忠于王室的服从模式,强调"泰国是服从领导者的国度"。①

尽管坦比亚的研究对于泰国社会内部的复杂性和冲突有所忽视,但是,把坦比亚的研究当作范式只不过是我自己的想象,这种想象成为我对于泰国社会进行本质主义理解的一部分。阿帕杜莱(Arjun Appadurai)的批评令我感到我们心有灵犀。阿帕杜莱认为杜蒙的"阶序"概念反映了西方思想的三个轨道,即对东方社会的本质化,在自身与他者之间制造差异以及断定某个社会的总体特征,从而使阶序成为种姓的本质、异域感所在以及总体主义的表现形式。通过分析杜蒙的思想来源,阿帕杜莱发现阶序概念的构成因素在前人关于其他社会的研究中都有所体现,杜蒙及后来的人类学家却将之视作印度社会的本质,这实际上是人类学对土著(native)进行想象的产物。② 我对于泰国社会的想象虽然并非以西方为主体,但仍然延续了西方人类学在认识论上的惯性。正如有学者指出的,现代的与国家的认识论是一枚硬币的两面,它们共同催生出正统学说:在"泰人"生活中佛教是首要的。③

2009 年 7 月,我在甲型流感肆虐和泰国国内新一轮的政治抗议浪潮中回访了调查点曲乡和朱拉隆功大学。甲型流感在泰国造成了高死亡率,一些曲乡人以此来激烈抨击现任政府。相当多的曲乡人参与了百万人签名活动,向国王请愿要求赦免前总理他信。我的房东一家在一次晚饭的时候就关于他信的不同评价发生了激烈的争辩,这种情形在我曾历经近一年的田野调查中是没有遇到的,我也因此强烈地感受到泰国社会内部的分化和矛盾。我再次见到了阿玛拉教授和高娃。在接下来的一个月当中,我与她们及其他学者的交流在很大程度上改

① Kasian Tejapira, "De-Othering Jek Communists: Reviewing Thai History from the Viewpoint of the Eth-no-ideological Other", in James T. Siegel and Audrey R. Kahin, eds. *Southeast Asian Over Three Generations: Essays Presented to Benedict R. O'G. Anderson*, Ithaca, N. Y.: Southeast Asia Program Publications, Cornell University, 2003, p.248.

② Arjun Appadurai, "Putting Hierarchy in Its Place", *Cultural Anthropology*, Vol. 3, No. 1, 1988.

③ Peter Vandergeest, "Hierarchy and Power in Pre-National Buddhist States", *Modern Asian Studies*, Vol. 27, No. 4, 1993.

变了我对于泰人世界观的看法,也使得我对于自己和前人的研究进行反思。

阿玛拉教授此时已经从朱拉隆功大学退休,刚被任命为泰国国家人权委员会的主席。高娃告诉我,在2006年2月,阿玛拉教授作为朱拉隆功大学政治学院院长在知识界率先发起"倒他信运动",她联合政治学院的其他教授签名,要求他信总理辞职,成为倒他信运动的舆论先声。然而,在我见到阿玛拉的时候,她坦言曾以为他信下台后国家形势会好转,但是现实不仅令人失望,还有可能变得更复杂。高娃仍然在忙于各种课题。她正在调查2009年泼水节期间红衫军在曼谷某些社区制造的暴力事件;同时,研究所还正在着手一项关于如何化解政治分歧、达成社会和解的课题。作为本土知识分子,她们都直接或间接地被卷入到政治风波当中。

在曲乡和曼谷逗留的五个星期里,人们对于现实的焦虑和关切,再加上媒体激烈的政治言论都令我的心绪跌宕起伏。我所查阅文献的关键词虽然还包括佛教,但是我开始关注反叛的丛林僧人和新兴宗教运动:①我仍关注社区研究,但是社区权利运动更加引起我的兴趣;在泰国的传统政体之外,前共产主义知识分子和左派思想家开始在我的耳边发出他们的声音。过去在我的视野中被忽视的那些文献浮出水面,而且我第一次感到我与本土学者之间有了更多的共同关注点。

我强烈希望更多地了解泰国人类学的研究现状。高娃的专业尽管不是人类学,但是她对泰国人类学颇有了解,这一方面是因为她所在的社会研究所是一个多学科研究所,其中就有人类学学者;另一方面则是由于泰国人类学在泰国社会所产生的公共影响。高娃向我大力推荐清迈大学的人类学家阿南·甘加纳潘(Anan Ganjanapan)。此前我曾在网上搜索到阿南教授在一次国际会议上发表论文的题目——"亚洲全球化与泰国人类学",通过电子邮件与他联系之后,阿南教授惠赠了全文。然而,我在国内找不到他本人的代表性著作。通过高娃我得知,阿南不仅是一位很有理论造诣的人类学家,而且还是泰国很有影响的公共知识分子和社会行动分子。他直接参与和推动了社区森林法案运动,为NGO组织和人民团体提供建议,呼吁政府赋予山区居民合理利用森林资源的权利。几天之后,我在访问清迈大学时见到了阿南。

阿南对我这位冒昧求见、泰文小名叫"茉莉"的年轻中国学者并不像我想象

---

① 参见龚浩群:《佛与他者:现代泰国的文明国家与信仰阶序的建构》,《思想战线》2010年第5期;龚浩群:《佛教与社会:佛使比丘与当代泰国公民——文化身份的重构》,《世界宗教文化》2011年第1期。

得那么热情。他不太理解我为什么想见他,而我也说不清楚自己具体想从他那了解些什么。再加上我用泰语讨论学术问题还存在困难,因此,我们的谈话只勉强维系了半个小时。阿南对于中国同行们的研究似乎没有太多兴趣。中国人类学开展海外研究(包括泰国研究)的信息也并没有引发他更多的问题。我当时只是模糊地感觉到有必要和泰国国内的学者交流,但是还没有形成讨论的核心概念。回国后,为了表明我对于泰国同行的诚意和我希望加强中泰人类学交流的愿望,我将阿南的一篇文章翻译了过来,①再加上认真阅读他的代表性作品,我期待再次见面的时候我们能有深入的交谈。如果可能的话,我也希望泰国人类学家能够加入关于世界人类学群的讨论。

在阿南的作品里,来自伦敦大学亚非学院的社会学家安德鲁·特顿(Andrew Turton)的著作成为了最重要的研究背景。特顿早在70年代就开始研究泰国的社会变迁。1978年,特顿与他人合编了一本名为《泰国:冲突的根源》②的著作。1987年,特顿还与人合著了《泰国乡村的生产、权力与参与》③,合作者当中就包括阿南。特顿的研究特别重视泰国乡村在国家资本主义的发展过程中所面临的政治、经济和社会条件的变化,以及由此导致的社会抗争。从80年代早期开始,特顿开始关注泰国乡村在资源控制方面发生的变化。阿南汲取了特顿的研究视角。在过去的二十多年中,阿南在文化和资源管理领域取得了重要的知识进展。阿南在研究早期对土地保有权和低地农民与资产阶级之间的矛盾和冲突方面有理论兴趣,在后期则发展出对于习惯权利(customary rights)和森林资源管理方面的兴趣。他利用文化的概念作为主线,来连接土地和森林的地方控制问题,地方人民与国家的矛盾以及北部泰国社区森林的实践。

阿南辨析了在探讨社会发展的文化维度时,泰国学者所采取的"社区文化"(community culture)与"社区权利"(community rights)两种不同的研究路径。他指出,社区文化的研究路径强调社区的历史和文化,强调村民在面对国家和市场等外部权力时的力量。社区文化研究的不足在于,它将村落视为一个自足、封闭的群体,忽略了社区的动态变化,尤其是在面对国家控制的时候;基于此,社区文

---

① 参见[泰]阿南·甘加纳潘:《亚洲全球化与泰国人类学:来自乡土东南亚的视角》(龚浩群译),《中国农业大学学报》2010年第2期。

② Andrew Turton, Jonathan Fast and Malcolm Caldwell, eds. , *Thailand: Roots of Conflict*, Nottingham: Spokesman, 1978.

③ Andrew Turton, *Production, Power and Participation in Rural Thailand: Experience of Poor Farmers' Groups*, Geneva: United Nations Research Institute for Social Development, 1987.

化研究不能将社区的自我依赖精神转换为普遍意义上的集体权利。① 社区权利的研究路径培育了一种更为动态的文化概念,认识到地方性知识在创造可持续的和民主的发展模式中的潜力。在这种意义上,地方性智慧不仅包含价值观和信仰体系,而且还包含了关注两种基本权利的思维模式和理性体系;这两种基本权利是指对于共同财富的集体权利以及在地方资源的社会管理中的习惯权利。② 总的来说,社区权利的研究路径超越了社区文化研究,侧重探讨权利建构的文化过程。阿南在研究结论中指出,虽然泰国北部社区森林的实践有它的地方价值观和习俗的基础,但是它不应该被看作是社区理想观念的反映,因为它在很大程度上是在动态回应变化中的世界时的一种新的文化创造。③

阿南提出的这些观点打破了我对于泰国文化的本质主义理解,同时,我也在反思我们对西方理论做出的不同选择。令我惊讶的是,坦比亚与特顿都具有英国学术背景,几乎在同一时期对泰国进行研究,但是他们却没有在著作中提及对方。特顿的著作在西方人类学中很少被提到,泰国学者却非常重视特顿的研究。我们或许可以说,西方人类学主流更认可对于泰国的乌托邦想象及其所体现的异域感,而泰国人类学界却更注重对于泰国社会变迁与冲突的关切。

从 70 年代以后泰国政治社会的变迁来看,泰国学者的研究取向一点也不奇怪。1973 年和 1976 年的民主运动和政治冲突改变了学术界对于泰国作为一个稳定和保守的佛教王国的整体判断。在泰国国内,历史研究的范式被撼动,历史研究作为国家合法性的意识形态来源的角色发生了转变。④ 在人类学界,特顿的研究代表了一种强调变迁、冲突与反抗的动态视角,为关注现实问题的泰国人类学学者提供了理论支持。新近出版的《轨道与足迹:泰国与安德鲁·特顿的著作》(*Tracks and Traces:Thailand and the Works of Andrew Turton*)收录了泰学研究者们(包括泰国本土学者)关于特顿著作的评论文章,他们都从特顿关于泰国"农业社会结构、反叛和抵抗"的分析中受到启发,而且特顿的某些论断即使在二三

---

① Anan Ganjanapan, *Local Control of Land and Forest:Cultural Dimensions of Resource Management in Northern Thailand*, Chiang Mai:Regional Center for Social Science and Sustainable Development, 2000, pp. 213-214.

② Ibid. , p. 13.

③ Ibid. , pp. 204-205.

④ 1973 年之后,泰国历史研究有四个方面的趋势:批评传统的历史书写;马克思主义经济史学派;非线性早期历史研究以及地方史的兴起。参见 Thongchai Winichakul, "The Changing Landscape of the Past:New Histories in Thailand Since 1973", *Journal of Southeast Asian Studies*, Vol. 26, No. 1, 1995.

十年后的今天还仍是有效的。①

泰国人类学对于西方理论的选择性运用表明,本土人类学在问题的选择和研究路径方面具有很强的自主性,他们的问题意识来源于对本土社会与文化的体验和知识诉求。因此,尽管泰国的本土人类学家在不断吸收西方人类学的成果,但是他们表现出不屈从西方人类学主流的主体意识。泰国同行的研究让我认识到,尽管我与他们都从西方学者那里获得研究的灵感,但是因为在情境和知识诉求上的差异导致我们对于西方理论做出不同的选择;他们的研究与我的研究并置,直接产生了对西方理论除魅的效果。

(三) 文化交流/对现实的再认识

访问清迈大学期间,阿南教授告诉我他将于 2009 年 8 月 4 日去朱拉隆功大学文学院参加关于饮食文化的学术会议。8 月 4 日我在朱拉隆功大学的会议上见到了玛希敦大学的撒瓦帕(Sawapa Pornsiripongse)。撒瓦帕是我 2006 年曾经在广州的世界人类学大会筹备会议上见到的三位泰国人类学家之一,是医学人类学方向的副教授。撒瓦帕当即邀请我在 8 月 10 日拜访她的研究所并请我为学生做讲座。我尚未有在泰国演讲的经历,这对我来说是一个挑战。我犹豫了三秒钟就答应了下来,万事开头难,我希望这是一个好的开始。另外,我也很希望听到泰国学者对于我的研究的看法。

8 月 9 日是周日,我放弃了参观博物馆的时间,花了一整天来设计讲座的PPT。最开始我想采用英文的 PPT、用泰语来演讲,但是后来又觉得用泰语解释某些术语有些困难,于是准备了一份英文的演讲稿,但直到半夜十二点仍未完成。第二天凌晨四点半我就起床继续准备,直到六点匆忙出门。

萨瓦帕开车在轻轨站旁等我,大约一个小时后我们到达了位于佛统府的玛希敦大学。玛希敦大学的前身是 1888 年由五世王朱拉隆功成立的诗里拉皇家医院,该大学的医学院在全泰国排名第一。萨瓦帕所在的亚洲语言与文化研究所有三十余年历史,是在共产主义运动的危机之后成立的,目标是研究泰国的少数民族。在泰国中部的研究机构当中,只有该所研究境内的少数民族。近年来,他们用"族群"(ethnicity)代替了"民族"(nationality),使得研究范围得以扩展。目前泰国国内有六十余支族群。

_____

① 参见书评 "Tracking the Traces of Thailand's Changes", http://www.bangkokpost.com。

亚洲语言与文化研究所的办公楼建于十年前,大楼被命名为"诗琳通公主语言与文化大楼"。让我羡慕的是,所有研究人员都有独立的办公室,布置得也很整洁。该所有研究人员三十余人,分为教师与研究者两类,其中教师有二十余名。该所设置的研究方向包括语言学、文化研究、发展学和医学人类学。现在该所有研究生近两百名,并要求所有研究生在少数族群地区实习三周。

下午一点半,萨瓦帕很老练地向师生介绍了我的学术背景,之后我以"信徒与公民"为名做了演讲。在文献回顾部分,我谈到"半民主"的问题。半民主是一个在泰国很流行的政治术语,在泰语里被称作 prachatibadai-khrungbai,与之相对的"全民主"叫做 prachatibadai-denmbai。许多人认为泰国的民主政治偏离了以西方为代表的民主的理想模式,是一种半路上的民主,或者是旧的和新的因素的混合。我认为,用西方的民主概念规范泰国的历史与现实,剥离了研究对象自身的复杂性,所得出的结论大多在否定泰国政治发展的内在逻辑。许多研究只能告诉我们泰国社会不是民主的,不是现代的,却不能告诉我们泰国社会究竟是怎样的和将会怎样。这一系列否定判断在一定程度上阻碍了对于泰国政治现代化进程的特殊性和可能性的认识。[1]

在介绍田野过程的时候,我放映了我与房东夫妇的照片。我说之所以选择这张照片是因为我穿着泰装,后现代人类学老谈田野中的权力问题,认为看与被看是一种不平等的权力关系的体现。而我认为,在田野中,人类学家在看他人的同时,他者也在看人类学家而且试图改变他们。例如我的房东教我怎样穿着泰装,怎样学会泰人的礼仪。大家笑了,似乎认为我的解释很有意思。

考虑到当时泰国国内的政治分歧,我选择了民族志中关于选举的部分进行描述,突出了主要报道人与议员之间的故事,最后从公共性逻辑的角度进行了分析。大家在讨论的时候提出了一些问题。不止一个人说我的主要报道人可能只是少数比较好的票头,有很多不顾及公共利益的票头。令我没有料到的是,引起大家关注和讨论的不是我的理论,而是民族志中的核心地方词汇——"波罗密"。大家就波罗密的确切含义进行了讨论,认为波罗密与权势的不同在于,波罗密是持久的,而权势是暂时的;波罗密是内在的品质,需要建设,而权势是从外部获取的;有权势的人如果注重内在品质的培养,可以拥有波罗密,有波罗密的人却不

---

[1] 参见龚浩群:《泰国政治现代化研究之述评——站在非西方国家的角度思考》,《东南亚研究》2008 年第 3 期。

一定有权势。甚至有在场者用波罗密的高低来评价当时的政治人物。

演讲还算成功。我最后才决定用泰语讲，用英语做演示，因为要用英语来叙述在泰国发生的事情实在是有些别扭。萨瓦帕也鼓励我用泰语。虽然我不能用泰语百分之百地表达自己的意思，但是不至于影响交流。而且最重要的是，被我表达出来的意思很容易被理解。这是一次大胆而令人愉快的尝试。当我得到听者的称赞并且能够同他们交流意见的时候，我为自己的研究能够引发"当地人"的兴趣和思考而感到兴奋。萨瓦帕也同样兴奋，她在讲座结束后问我说："怎么样？有意思（sanuk）吗？"她说我看他们的视角很有意思。萨瓦帕还表达了今后开展合作研究的兴趣。

我认为这次演讲不仅是学术交流，而且是一种特殊的文化交流。视角差异仍然存在——听者觉得我的研究有些理想化，但是，我对于泰人佛教社会的核心价值之一"波罗密"的分析也得到了他们的重视。我仍然坚持乌托邦的某些因素。同时，我希望通过进一步的交流，泰国学者和我都会注意到各自所忽视的泰国社会现实中的不同侧面，那些我们所遗漏的部分却可能是重要的。

笔者的泰国研究经历表明，海外研究者与本土学者之间因为社会文化与教育背景的差异，二者之间的交流会经历从隔阂、发现差异再到视野融合的过程，并促使双方对社会现实进行再认识和再思考。这种文化间性的产生具有深刻的民族志寓意：其一，文化间性的产生过程作为文化交流的一部分可能以民族志的文本形式呈现出来；其二，海外研究者与本土学者之间的差异、冲突、交流和知识互惠，应当成为民族志生产的重要知识论背景。

三、结论和讨论：世界人类学学科认同的形成

随着近三十年来本土人类学的兴起，人类学研究必然包含两种看的视角：外部视角和内部视角。对于内部视角的重视，多视角的形成（我看他们、他们的人类学家看他们、西方的人类学家看他们、我看他们的人类学、他们的人类学家看我、我们一起看他们、我们一起看我们）以及交流后产生的互文效果应当是建构世界人类学群这一学科认同的重要基础。因此，中国人类学海外研究的新路径意味着要与对象国的知识群体建立一种的新的关系，这种新的关系将成为世界人类学新格局的一部分。笔者试图倡导以世界人类学学科内部的多边关系——中国人类学、对象国的本土人类学和西方人类学的关系，来代替简单的中国人类

学与西方人类学的双边关系,并探寻形成世界人类学群大格局的途径。

当下中国的海外民族志研究要做到不同于以往的帝国人类学(以欧美人类学和日本人类学为代表),必须自觉地建构起海外视角与本土视角之间的联系。尽管作为研究者,我们(从事海外研究的中国人类学家)和对方(对象国的本土研究者)分别来自不同的国家,有着不同的知识背景、利益驱动和价值诉求,但是,通过相互之间的审视我们将会更加明了知识的政治,在视野上互补,并寻求对于人类文化与社会的共同理解。这就要求我们变单向的研究为双向或多向的研究,这可能表现为一种反复和渐进的历程。具体而言,海外研究者与对象国的本土研究者之间需要在构建文化间性的基础上展开交流,文化间性在这里具体包含两个层次的含义。

首先,本土人类学家是自身所处社会与文化的代言人,因此本土人类学家的生命体验、政治立场和学术观点将是我们所要研究的社会事实的重要组成部分。本土人类学家的个人经历、研究立场和观点是十分重要的多层意义之集聚——对于本土文化的深描、对于本土社会的反思和批评、对于西方理论的辨别、政治参与及其知识诉求与主流价值观之间的张力都被包含其中,这些方面对于我们认识对象国社会与文化的复杂性具有不可替代的价值。因此,我们与本土人类学家开展的文化交流既包括专业领域的交流,也应当包含双方各自代表的世界观、行为模式、政治取向等之间的相互影响,文化交流及其产生的新的意义应当成为民族志文本和人类学方法论反思当中的重要组成部分,这也是文化间性的鲜明体现。

其次,与本土人类学家的文化交流——知识交流是其中的重要部分,将在我们之间形成平等的对话关系,并可能由此产生对于国际人类学话语权威的反思和解构,这是人类学知识生产的新路径,并可能最终形成世界人类学群的学科认同。这个过程可能包括:介绍和引介本土人类学研究的代表性成果,并与之对话;进行并置性研究,就某个主题将来自海外人类学者的研究与本土研究放在一起讨论,由此而产生互文的效果;开展合作研究和比较,互为知识主体,同时也互为研究对象;对本土人类学家或本土知识界进行人类学研究,对知识分子的生活经验、政治关怀与学术观点进行田野调查,撰写关于知识阶层的民族志。

这样做的结果将是"自然而然"地破除西方人类学的主导性影响,因为通过与本土人类学的交流,我们发现双方已经从不同的角度对西方人类学进行了自觉的筛选和创造性地运用,并产生了风格迥异的文本。我们相互可以通过西方人类学本土化的不同取向来重新定位西方理论,明晰自身的主体地位,西方人类学理论也因此不再是主导性的,而只是世界人类学群的知识构成的一个部分——在相当长的一段时间内它仍然是十分重要、但不是唯一重要的构成。

我们之间不必通过第三者——西方来进行交流,而是直接交流。西方学术研究的成果仍然在起作用,但是这种作用应当只是其中的一个部分,而且我们都已经对其进行了自己的选择和理解;西方理论成为诸多选择中的一种,而不是全部;西方理论成为我们之间被选择和被承认的对象,而不是主宰性的。西方理论霸权可能只是我们的想象:霸权经过第三方的中介作用而转化成平等的构成因素。同时,需要强调的是,以第三方(本土人类学)为中介的、对于西方学术的理解将使得我们以更中肯的态度来对待西方学术成果,既非盲从也非抗拒,而是在文化间性的基础上通过多重理解而达成的扬弃。

今天,所有的人类学都同时是国家人类学与世界人类学,因为全球化已经将不同的社会和来自不同社会的研究者不可分割地联系在一起,世界人类学的形成将取决于各个国家传统的人类学的呈现和他们之间的联系,通过对话来相互矫正,并达成"你中有我,我中有你"的世界人类学学科认同。跨界将不再是帝国人类学所代表的把政治与知识上的优势强加给对方,而是意味着在平等交流的基础上创造新的意义,从而打破关于帝国建构的人类学和国家建构的人类学的两极区分,在国家化与去国家化的联结中形成世界人类学群的新格局。从这一点来说,世界人类学群可能超越国界,并超越本土化诉求。

沉思放谈中国人类学

周　星[*]

中国人类学者定期、不定期地聚会"务虚",大家相互交流信息,彼此引以为同行,有助于形塑一个超越各"门派"或单位"摊点"的"中国人类学界"(学术共同体)。所以,这一类"务虚"即便于学术的产出往往有限,却也不无意义。对于涉及中国人类学的学科设置、学科建设以及学科发展所面临的主要困惑,还有课题意识、研究规范、学术伦理之类的问题,深感自己并无多少资格谈论,也觉得此类话题多少有些空洞。但若冷静、深入地思考,还是得承认上述问题都是颇为关键之事。此次无法与会,只好以笔谈形式发表一点意见。为了不辜负人类学工作坊主办者的盛情邀约,同时也是想和大家交流,以便向与会各位学友请教,理应认真面对此次"命题作文":"沉思"是希望能尽量谈得深入些,不至于浅薄;"放谈"是表示愿意更坦诚一些,无拘无束,以"童心"面对学术。[①]

一、"边缘"路径自有独到风景

很高兴现在在国际人类学领域里出现了诸如"世界人类学群"之类的理念,更高兴中国人类学者开始认真地思考我们在其中的"存在",应该是一个什么样

　＊　周星,原北京大学社会学人类学研究所教授,现任日本爱知大学国际交流学部教授。

　①　2010年6月20—21日,北京大学社会学系召开了主题为"中国人类学的田野作业与学科规范"的学术研讨会。笔者因教学工作无暇参加,仅提交了题为"中国人类学有尊严的成长,始于足下"的书面发言。本文是在书面发言的基础上改写而成。衷心感谢高丙中教授相邀和龚浩群博士对书面发言提出的修改意见。

的定位和有哪些可能性。这应该也算是中国人类学的一种"文化自觉"吧。此类更加关注发展中国家或非西方国家的人类学,伴随着西方人类学的反思和旨在建构全球人类学的趋势,其由来很早就颇有一些脉络或蛛丝马迹可以追寻。比如说,从较早时期提倡"文化相对主义",到后来在西方人类学内部逐渐形成的不断反思其殖民主义属性和民族志方法论的趋势,出现了从弱势群体研究转向社会强者研究,以及转向西方各国自身的本土研究,亦即将西方"人类学化"①的主张,再到所谓的"双边或相互的人类学"②构想及其实践性的尝试等等。而在处于以西方为中心的国际人类学之边缘地带的非西方国家及一些发展中国家,则相继发展出"家乡人类学"以及所谓"第三世界人类学"③之类的新路径。围绕上述两个线条而相互连动的,正是针对西方中心主义进行深入反思和尖锐批评的人类学的诸多新动向。

"人类学"确实是主要由欧美人类学界定义的,是他们确立了人类学的基本理念、基本的田野工作方法论体系和学科规范,也生产出了许多涉及文化、社群和关于"人"的基本学说,并积累了大量的人类学学术文献和庞大的数据库。但众所周知,在第三世界很多国家,人类学确实也有了很大的成长,形成了一些似乎是"边缘性"的,却也不乏重要性的人类学学术传统,中国人类学的本土研究大概就属于其中之一吧。发展中国家的具有"边缘性"的人类学传统,通常也都是汲取或借鉴发达国家人类学的理论和方法,但是,在将它们用于各自的研究实践时,尤其是在将其应用于各自祖国本土的研究时,既可感受到西方人类学的睿智和洞见,也能体会到它们的局限(甚至偏见),同时,也会痛感自身立场的重要性。于是,在和西方人类学的知识体系保持对话、交流并深受其影响的同时,第三世界国家的人类学者在揭示和解释他们各自国家的社会和文化事象时,还分别受到了其各自国家不同的学术环境和智慧传统的影响。例如,在中国的人类学里,向来就有"学以致用"和重视社会实践的理念,向来就有通过将人类学的研究成果拿去"应用"以回馈国家、社会与民众的冲动,正如费孝通教授在他题为"迈向

① [英]凯蒂·加德纳、大卫·刘易斯:《人类学、发展与后现代挑战》(张有春译),中国人民大学出版社 2008 年版,第 22—23 页。
② 简单而言,就是欧美人类学学者开始希望原先他们的研究对象(例如,曾经的殖民地社会),现在能够被邀请来研究西方他们的社会。参见周星:《关于"双边"或"相互"的人类学》,《社会科学战线》1994 年第 3 期。
③ 关于"第三世界人类学",参见尤金·N.科恩、爱德华·埃姆斯:《第三世界人类学家》(李富强译),《民族译丛》1986 年第 5 期。

人民的人类学"的著名讲演中所归纳的那样。① 此外,中国人类学还获得了具有深厚渊源的中国历史学传统的支持,以及面临来自民俗学的竞争,并受惠于民俗学所能提供的学术资源等。显然,具有上述特色的中国人类学(或曰以本土化为特点的"中国式人类学"②),虽然在国际人类学界并没有多少"权重",处于边缘地带,却也独辟蹊径、风景独到。中国和其他第三世界国家的人类学传统,为人类学这一学术领域的国际化做出了贡献,极大地丰富了它的"多样性",正如中国有关学术机构、学会组织和学者个人积极参与每五年举办一届的"国际人类学与民族学联合会"世界大会,确实为其带来了更加丰富的"多样性"一样。

如果西方人类学重视发展中国家的那些看起来似乎是"边缘性"的人类学研究传统,如果包括中国在内的发展中国家的人类学也能够逐渐地转向"外部"更大的学术市场,那么,互相之间的对话和学术交流,确实是有可能促成一个新的朝着健全和平衡的"全球"人类学发展的方向的。但问题是在国际社会和全球化的权力结构当中,这一切并不会自动地发生,必须要有各方面人类学者们的努力。部分中国人类学者这些年旨在创新的"海外民族志"田野工作的尝试,以及据说是由在美国工作的一些"拉美人类学家"在上个世纪最后十年里提出的"世界人类学"之类的概念及相关学术实践,正是朝着这同一个方向,理应相互呼应,殊途而同归。如果说来自中国的努力反映了中国人类学的国际化、亦即"加入"和"接轨"的趋势,那么,来自拉美人类学者的声音,则是致力于让所谓自诩"主流",但却不乏"狭隘"的美国人类学在其"代表"世界(人类学)之前,先要能够听得见不尽相同的人类学话语,看得见人类学者在拉美国家的实践可能会收获不同的成功。无论此类"世界人类学"在今后的走向如何,其在促进不同国家、不同文明背景和不同学术传统的多种人类学之间的交流等方面,均会有建设性的意义。

此类"世界人类学"的理念之所以能够横空出世,是因为在全球化时代的大背景下,任何国家的人类学都在某种程度上面临着诸多"越境"问题的挑战。像中国这样具有"边缘性"的人类学传统,除了持续的中国化、本土化之外,还面临着另一个走向,亦即国际化、去国家化。"世界人类学"的理念之一,是要促成人类学者的跨国共同体,这意味着大面积、多层次和机制化的两国、多国人类学之

---

① 费孝通:《迈向人民的人类学》,《社会科学战线》1980年第3期。

② 周大鸣:《"中国式"人类学与人类学的本土化》,载荣仕星、徐杰舜主编:《人类学本土化在中国》,广西民族出版社1998年版,第68—74页。

间的交流和学术对话,并把这类对话视为人类学知识生产方式的必要环节。在这样的过程中,中国之类"边缘性"的人类学传统有可能获得比以往更多的表述机会,同时,它也不应该再局限于国别立场(去国家化),需要独立的自我主体性(包括人类学者个人),从而通过双边、多边的"相互"人类学过程,进而形成很多中间状态的人类学。

二、如何走向尊严

近一百年来中国人类学的历史,基本上是引进、消化和逐渐有所创意的学科史。只是由于时代的震荡和断裂(抵御侵略、"内战"、革命等)以及缺少系统性、计划性,而出现过重复、反复的"浪费性"引进。虽然存在消化不良、译介质量不佳之类的问题,但持续地翻译引进西方人类学的主要文献和基础性著述,仍是今后一个长期、基本的任务。这方面当然应该更多地借重在国外受过人类学专业训练的留学人员,国内人类学界应该拥有各种渠道和他们保持沟通,鼓励他们多做这方面的贡献。既然中国人类学处于"边缘"地带,那它持续地从更加"主流"的国际人类学谦虚地借鉴其理论、方法和课题成果,也就是迫不得已必修的功课。以日本文化人类学的经验而言,西方几乎所有重要的人类学著述(包括民族志作品)或人类学所有重要领域的话题,大体上在 3—5 年内多会被翻译成日语,成为日语人类学文献,这样也就使得日本文化人类学所依托的学术资源和知识结构,基本上可以保持和西方的同步,这是他们多少可以参与世界人类学多种话题讨论的一个基础性前提。不言而喻,中国人类学并不能绕开这一步,正面来说,这也是中国人类学国际化发展必经的步骤。一方面,在人类学的知识格局尚存在不平衡状态的前提下,在国内学术市场和读书界的需求因为短缺而处于饥渴状态的前提下,西方著述的译介当然会广受欢迎。但另一方面,翻译者应该明晰和清醒地理解这些译著各自的背景,切实认识到它们同时还是当前世界的话语权、表述权乃至于政治、经济、文化等权力结构不均衡的产物。因此,在出版译著时,应该附加详尽和高水准的"解读"或"解说",以帮助读者,避免无谓的"误读"。如果没有这样的努力,中国人类学就非常容易成为一块西方学术的"殖民地"。此外,人类学著述的译介涉及知识产权、文化翻译、译作的水准质量等复杂的问题。像一本著作如果有好几个译本,其中自然就有某一个可能是有侵犯原著知识产权的嫌疑;本应该信达雅地传递原著的全貌,却由于急功近利地乱译而不断出现误导读者的问题。在中国，有一些译著是让学生做的，如果老师把关不严格，学生钻研不精到，缺乏敬畏学术之心，则导致专业上出错也就在所难免。由于中国人类学目前并不存在对译著的纠错机制，所以，最近谢国先教授所从事的"翻译批评"，在我看来，就是非常有意义和非常值得鼓励的尝试，他有关"后翻译时代"①的见解，很值得人类学同行们沉思。

简言之，中国人类学的翻译事业还应该不断地有所提高，并因此而会有更大的贡献。与此同时，人类学界同行应该放弃那种先翻译一本西文译作，过不久再出版一本同名或类似的中文"著作"之类的做法。因为这样的知识"生产"方式和国外人类学原创之间的关系暧昧，很有点可疑，自然难以赢得尊重。由于中国人类学一直具有"舶来"属性，人类学界对过度"拷贝"或"剪贴"国外著述持宽祖姿态，这就很难有学术的尊严感。在中国人类学界，踏实地做田野调查和实证研究的，远没有倒腾一点国外人类学教科书里常识性"理论和方法"的吃香，这是一个很大的偏差，也是中国人类学的幼稚之处。

中国人类学者基本上都是在国家建制的科研机构或大学里工作，绝大多数都是被政府所雇用，并致力于本土或自身社会与文化的人类学研究。由于整体社会环境尚未形成对学术独立的尊重，人类学者的"自重"就显得尤为重要。如何在体制之内既肩负国家课题，在国家权力、意识形态和官方话语的影响之下，维系学术研究的自由、自主、尊严和独立性？如何既在体制之内，又和权力保持距离？人类学擅长以它的实地调查、现场主义和实证的个案研究，以它对弱势群体的关注，以它对地方性知识、乡土逻辑、在地当事人立场及其自我解释、自我表述的重视等来提出问题，从而有助于揭示被主流意识形态、高调的官方话语和似是而非的社会"常识"所遮蔽的许多真相。尤其是在现代化高歌猛进、社会文化剧烈变迁、国家和民族主义意识形态日渐普及的当今中国，人类学所能够肩负的道义责任，所应该守护的价值和伦理，都需要它有很大的勇气去大声疾呼。例如，对于中国社会中类型多样、几乎无处不在的"歧视"，除了"民族歧视"之外，还有地域歧视、种族歧视（例如，对广州滞留黑人的歧视等）、性别歧视、职业歧视、学历歧视、户籍歧视、对于残疾人的歧视等，中国人类学却几乎什么也没有做。类似这样，面对中国社会与文化的诸多现实问题，人类学理应成为关于"文化批评"的学科，批评文化政策，批评意识形态的偏执，批评社会现实中那些貌似

① 谢国先：《论中国人类学的后翻译时代》，《韶关学院学报》2010年第10期。

正确、实则不然的"常识"（例如，认为发展以环境为代价是迫不得已的主张等）。

人类学者并不是天然的公共知识分子，他只有坚持了学术研究的独立性，才有可能使自己的研究具有社会的批判性。生活于体制之内的人类学者，尤其不应对学术的独立性和尊严感掉以轻心。中国人类学、民族学曾经作为意识形态的附庸而形成过"社会形态民族学"，故对"社会发展史"较为执著，若对此没有深刻的反思，也就很难做到在发展项目所涉及的具体场景中倾听和尊重"当事人"的立场、权益、价值诉求及其能动性，也就很容易认同"发展就是硬道理"之类的官方话语逻辑。尤其在"发展"几乎成为"文明"、"进步"之代名词的情形下，中国人类学必须警惕被"发展话语"所同化①而失去独立性的危险。

当然，中国人类学还必须意识到其对于国内知识生产体系所应承担的责任，既要为中国社会科学及人文学术的发展做出贡献，也应该在推动民众提升有关文化多样性、文化对话、族群和睦、守护传统遗产等国民教养方面有所作为。人类学知识的公共性、人类学者通过参与文化政策批评而在更大的公共空间里发挥影响的重要性等，都应该逐渐地成为中国人类学者们的基本共识。

三、海外民族志研究的可能性

中国人类学具有"异文化研究"和"家乡人类学"的两重属性，前者反映在对国内少数民族的研究中，②后者则集中表现为对汉人社会及文化的研究。虽然它们各有成就，也有诸如"多元一体格局"、"某某民族走廊"、"半月形文化传播带"、追求"致中和"的中国文化论等一些理论和学说，但能够堂堂正正地向国际人类学大分贝"发声"的资本并不算太多。我以为，至少应该在涉及中国及东亚、东南亚地区的社会、文化及少数民族的研究等方面，中国人类学者应该能有更多、更响亮的理论，哪怕其中有些并不一定很成熟。包括海外留学人员的博士论文选题在内，中国人类学过去常被认为具有"家乡人类学"的取向，对此，还是应该把它看作是中国人类学的一个特征，一个已经形成积累并且有所贡献的学术传统。海外留学人士的"家乡人类学"取向，其实也可以成为向国际人类学推介

---

① ［英］凯蒂·加德纳、大卫·刘易斯：《人类学、发展与后现代挑战》，第149—151页。
② 关于对"内部他者"（例如，少数民族或汉人某民系）的研究，今后也应该出现类似于欧洲"双边人类学计划"那样的人类学田野实践。比如，由少数民族出身的学者进入汉人社区从事田野工作等，这样做才有可能逐渐地对因为调查和被调查、观察和被观察之间的不对等失衡关系有所矫正。

中国的一种路径,不妨大加开发、利用,予以正面肯定。但毋庸讳言的是,即便是在早期的人类学"中国化""本土化"尝试中,也多只是把西方"他者"的视野借来,时不时还会因为把自己的社会与文化"他者化"而导致主体性的混乱。中国在上述过程中形成的"一国人类学"甚或"族别人类学"等,现在确实是到了需要深刻反思和突破的时刻。

北京大学的人类学工作坊提倡并付诸实践的国外民族志的努力以及业已取得的成绩,无疑是中国人类学截至目前迈出的最具有雄心,同时也是最具有尊严感的决定性的一步。中国人类学其实从很早的时候起就有了一定的国际视野,除了为数不多的海外研究(李安宅、乔健、乐梅、周云、丁宏等)之外,还有海外华人华侨研究、跨界民族研究,以及在"中国世界民族研究会"的学会体制下对各国民族构成概况的整理。但也毋庸讳言,除了少数例外,在北京大学人类学工作坊推动"海外民族志"计划之前,几乎不存在地道的海外人类学田野工作。就此而论,这个计划堪称是极大的突破和创新。因为中国人类学者的海外民族志研究确实有望成为中国人类学新的知识生产方式,[①]而且,用汉语写作海外民族志,写给中国读者和中国知识界,其意义更是自不待言。[②]

大体上看,中国人类学者的海外民族志研究,很可能需要两个阶段,当然也可以是同时同步推进:一是对中国周边国家和地区的人类学研究。在这方面,中国人类学者既不能复制或模仿西方人类学的傲慢及殖民主义的立场或姿态,也不能延伸古代中国的天朝老大自居及"中华思想"(中华中心主义)的情绪及理念,更不能简单地将对国内少数民族的异文化研究模式"扩展"到国外民族志的研究中去。由于中国古代文明曾经对周边国家和地区产生过程度不等的影响,中国人类学者应该对自身可能有意无意的"文化优越感"保持高度警惕。[③] 记得我在冲绳做调查时,当地学者就曾和我谈起说,中国来的学者总是把"琉球王国"的文化简单地认定为"中国文化",他们对此很不以为然。到周边国家和地区做海外民族志,同样有可能陷入"调查者"和"被调查对象"之间不对等的权力关系结构当中,同样有可能在表述异文化时流露出偏见或优越感。因此,从事海外民

---

① 高丙中:《人类学海国外民族志与中国社会科学的发展》,《中山大学学报》2006 年第 2 期;高丙中:《日常生活的文化与政治——见证公民性的成长》,北京大学出版社 2012 年版,第 117—125 页。

② 杨春宇:《重新发现异邦——近年来汉语国外民族志的发展》,载谢立中主编:《海外民族志与中国社会科学》,社会科学文献出版社 2010 年版,第 12—26 页。

③ 已有日本人类学学者对此表示担心或提醒,参见奈仓京子:《"他者"的文化与自我认同》,《广西民族大学学报》2009 年第 5 期。

族志的中国人类学者应该具备相应的自省能力。我觉得,中国人类学者的海外研究应该有一些新的路径和一些新的感觉,比如说,在对周边国家从事人类学研究时,理应采取对等和谦虚的姿态,同时又需要将西方人类学者对这些国家和地区的研究以及这些国家或地区的"本土"人类学者的研究(包括其国内的民俗学等)视为必不可少的参照,这样,才能够比较容易地介入到相关的学术讨论当中去。在这个过程中,和周边国家的人类学界形成更多的交流与对话,进而促成"区域性人类学界"的形成,或许并非天方夜谭。在这方面,伴随着欧洲一体化进程的发展,德语圈民俗学在战后发展出来"欧洲民族学"的理念,或许对我们能有一些启发。[①] 比如说,东亚共同体或东盟的一体化,未来是否也有可能促成对东亚民俗学或东南亚人类学的提倡呢?东亚各国突破其"国家学术"而走向国际比较视野的"东亚比较民俗学",其实已经有了不少的实践和进展,对此,人类学或许也能够有所参鉴。假如能够形成一个"东亚人类学"领域,中国人类学又在其中发挥着举足轻重的影响力,那么,我们在"世界人类学群"当中就可能会更加自信一点,甚或也可以多少改变一些世界人类学失衡已久的格局。

海外民族志要迈出去的第二步,或许更艰难、更遥远,亦即展开对西方发达国家的人类学田野调查和研究。之所以更难,除了需要经济实力方面的支撑之外,大家都知道"调查者"和"被调查对象"之间的关系,以及他们所在的不同社会或国家间的关系,在现实当中往往是处于不尽平等的状态,这意味着发展中国家的人类学者被发达国家的社会拒斥而难以"进入"的可能性较高。在这种情况下,如何克服"自卑感"而获得进入社区的契机,就显得尤其需要勇气和智慧了。中国人类学的海外民族志事业,或许也可以通过鼓励海外留学人员不再走"家乡人类学"的捷径,而是鼓起勇气选择在其留学所在的发达国家做田野调查的方式获得一定的突破。实际上,西方人类学以往的大多数理论或学说,往往是较少建立在对发达国家自身的社会和文化进行田野研究的基础之上,认识到这一点非常重要。西方发达国家的社会高度复杂,人类学者研究它时必须和其他诸如社会学、心理学、民俗学等专业激烈竞争并相互合作。发达国家的公共生活空间相对较为开放,但其日常的私人生活空间却较难进入,在那里从事田野工作绝非易事。尤其是中国人类学在发达国家的海外民族志田野工作,必须包括所谓的"向

---

① 简涛:《德国民俗学的回顾与展望》,载周星主编:《民俗学的历史、理论与方法》,商务印书馆 2006 年版,第 808—858 页。

上"研究,亦即研究在西方各国社会中占据主流职位或具有重要影响的行业,诸如医生、律师、教授、公司职员、国际贸易商人或 IT 业者等,这和传统上过多关注边缘及弱势人群的人类学研究有很大的不同,甚至要获得和"信息提供者"见面访谈的机会都来之不易。由于中国人类学者在国内积累的研究经验,几乎全部是属于所谓"向下"的研究,诸如少数民族、农村和其他边缘社群等,因此,对西方发达国家的海外民族志研究并不能获得国内经验的支持,相反,人类学者在发达国家的海外民族志"向上研究",倒希望能够反馈给国内,从而带动人类学在国内的"向上研究"。此外,中国人类学在通过海外民族志的方式从事人类学知识的生产过程当中,依然不能绕开的一个重要环节,便是和西方发达国家人类学者们的"本土"、"向上"研究进行交流和对话。

总之,如果要谈论中国在全球人类学知识体系中的存在感或者地位,甚至还想要去"参与"形塑世界人类学的格局,并以此为目标要形成"关于中国人类学的基本陈述",我认同高丙中教授的见解,亦即中国人类学能否顺利地迈向海外民族志的田野研究是至为关键的。在我看来,海外民族志并不是中国人类学海外研究的唯一工作方式,虽然对于用汉语写作国外民族志给中国读者的重要性,无论如何强调也不算过分。但除了以海外民族志为导向的中国人类学新动向之外,还有以下几个层面的基础性努力也是必不可少的:(1)对于中国社会、中国文化和中国问题的人类学讲述,应该逐渐确立主体性和主导性,但也要兼顾对"他山之石"(也就是"他者"对中国各种问题的人类学研究)的借鉴。(2)关于东亚地区的跨文化比较研究,中国人类学着应该有较多的东亚人类学田野工作成果的积累,并能够提出若干颇有影响力的学说。(3)对于世界范围、全球规模的重大话题(全球化和在地化以及全球在地化①、战争与和平、越境的文化、移民、文化遗产的国际保护、防止艾滋病、应对毒品问题、环境、生态和气候等),中国人类学者群体以后要更加积极地发出声音。事实上,中国人类学即便是对于本土社会、母语文化及国内多种问题的研究,很多课题也都需要有国际视野和对全球化之类大背景的关照。

---

① 参阅[挪威]托马斯·许兰德·埃里克森:《小地方,大论题——社会文化人类学导论》(董薇译),商务印书馆 2008 年版。

四、来自日本人类学的参照

人类学工作坊的主持人曾希望能介绍一点日本的文化人类学,①我对日本文化人类学的了解较为有限,主要是和那些以中国为"田野"的学者们有一些交流。于是,我本着"知无不言"的态度,同时也做了一点功课。尽管中国国内对日本文化人类学的评价偏低,基本上不把它当回事,但日本文化人类学基本上还是属于西方人类学的范畴。日本文化人类学者以中国为"田野"的研究,实话实说,还是能够引起国内人类学界的留意;但他们有关世界各国各地的田野工作,我们基本上是无知的。由于中国人类学此前从未认真地做过海外民族志的田野工作,因此,我们和日本的海外民族志研究处于绝缘状态也就不足为奇了。今后,中国人类学者在从事海外民族志的调查和研究时,有可能会和日本同行不期而遇,或者也会发现需要参照或了解他们的田野报告。

早期的日本民族学也有一个"舶来"的过程,先是外国人在日本做调查,后来是日本人自己做调查,但很快就出现了分化。一部分人专注于国内本土研究,像柳田国男,后来他创立了日本民俗学;而对于海外的现地调查,也就逐渐地成为日本民族学的主流。第二次世界大战之前的日本民族学,曾较多地受到德奥民族学的影响,同时有着强烈的"殖民地学"的属性,其海外调查多以日本扩张的势力范围为"田野",例如,鸟居龙藏等人对中国台湾地区和东北、内蒙古的调查等。战后,日本民族学逐渐实现转型,但对于曾经和殖民主义的密切关系的反思并不太多,直到很晚,才有中生胜美等人的批评。战后另一个大的变化,便是受到美国文化人类学的强烈影响,②这从 2004 年 4 月,日本民族学会正式改称日本文化人类学会一事可以得知。如果说早期曾有殖民主义—帝国主义扩张的背景和动机,那么,战后则有经济全球化的背景,伴随着其经济高速增长,"日本制造"和日本的经济实力向世界各个角落渗透,与此同时,日本国民对外部世界的兴趣也与日俱增,日本国内的"国际化"也持续发展,这一切都使日本文化人类学在实现了转型以后获得了持续的国际性扩展、持续的海外田野研究的动力和社会需求的

---

① 最早于 1884 年成立的日本人类学学会,曾经是以体质人类学、考古学和民族学等专业为主的综合性学术组织,但在 1934 年日本民族学学会成立之后,日本人类学学会遂逐渐发展成为以体质人类学、自然人类学为主的学术组织。因此,在这里不能将日本文化人类学简称为日本人类学。

② 周星:《殖民主义与日本民族学》,《民族研究》2000 年第 1 期。

支持。可以说,战后其海外田野工作的触角遍及全球,无疑是和其经济的全球性扩张有关。由此看来,当前的中国也应该会出现相似的过程,中国已经持续了三十多年的经济高速增长,由此带来了经济实力和文化软实力的不断增强;而且,改革开放使得国门洞开,中国国内的学术及知识市场对于海外世界的兴趣也会日益增强,同时,国内公众对外部世界的理解和认知也需要由人类学专业所提供的知识和信息去形塑。所有这些都应该会推动中国人类学也出现更加强劲的走向海外的趋势。就此而言,日本文化人类学大量积累的海外民族志方面的经验,或许对中国人类学多少也会有一点借鉴的意义。

中国人类学界对日本文化人类学一般来说评价不高的缘由,可能与他们虽然在世界范围内进行了大量的田野调查和实证研究,但仍给人以跟在西方学者的理论、思潮后面亦步亦趋的印象有关。这种情形可能与日本社会对学术的基本理解有关,一般来说,他们是重"实学"(例如,拼命搜集资料和整理事实等)而轻"虚学"(例如,某些理论或学说、假说等),虽然不应该就这么简单地概而论之,但他们确实和中国社会崇"虚"贬"实"的价值取向有一些不同。或许正是这种朴实"学风"的影响,日本文化人类学者确实做出了不少颇有分量和价值的海外民族志田野报告。当然,日本文化人类学也形成了自己的一些特点,即便是在发达国家中进行比较也都并不逊色,以国立民族学博物馆为核心,日本文化人类学在某些领域的研究,例如物质文化研究等,应该说在国际人类学界取得了颇为扎实的地位,令欧美诸国同行也刮目相看。参考最新的《国立民族学博物馆要览2012》提供的有关资料,①可知日本文化人类学者们对包括中国在内的世界各地的研究依然是非常的活跃。

正如位于千叶县佐仓市的国立历史民俗博物馆和位于大阪府吹田市的国立民族学博物馆所分别象征的那样,民俗学和文化人类学在某种意义上,都是日本国家非常看重并尽力经营的学术事业,前者把历史学、考古学和民俗学看作是建构日本国家历史和形塑日本国民文化的基本学术支撑,由此,民俗学就真正地发展成了"国学"之一门;后者则是日本现代学术中最为典型的"西学"之一,通过对全世界包括发达国家和地区的全面、系统的人类学田野调查,日本文化人类学在相当程度上形塑着日本国民的国际感觉及其"世界观"。2005 年 10 月 30 日,作为纪念建馆三十周年活动的一环,国立民族学博物馆迎来了第 8888888 位参

---

① 「国立民族学博物館要覧 2012」,国立民族学博物館 2012 年版。

观者;在国立民族学博物馆的各种学术活动的外围或周边,还活跃着为数众多的
"民博之友",这些普通的市民往往对于来自世界各国异文化的学术报告有着浓
厚的兴趣,每当有相关的学术研讨活动,他们都会热心地前来"捧场"。日本文化
人类学和民俗学之间虽然颇有分庭抗礼、泾渭分明的意味,但日本文化人类学者
们对日本民俗学却持有基本的尊重和敬意,尽管也有如中根千枝那样以"纵式社
会结构论"而对本土社会研究作出贡献的社会人类学者,但更多的文化人类学者
还是承认自己对日本的社会和文化缺乏深入的探讨,认为要了解日本社会及文
化,必须倚重民俗学的贡献。日本民俗学时常也自诩为"关于日本社会及文化的
人类学",或者说自己是日本人对日本文化的民族学研究。我以为,中国文化人
类学和民俗学之间的关系尚需要做一番认真的检省,由于中国人类学一直具有
"家乡人类学"的基本属性,这就使它不得不面对来自以"家乡"、"故土"和"祖
国"为指向的民俗学的"合流"。放弃对待民俗学的傲慢姿态,珍视中国民俗学所
可能提供的学术资源,对中国人类学来说应该是一件好事。

和中国人类学界有较多的学术交流关系的,主要是日本文化人类学中以中
国为"田野"的那部分学者,他们对中国人类学的了解,有可能超出了中国同行对
于他们的了解。值得指出的是,中国基本上尚不存在以日本为"田野"的人类学
学者,这可能是今后我们应该努力的方向之一。

五、自己可以做点什么?

由北京大学高丙中教授等人推动的中国人类学海外民族志的研究计划,雄
心勃勃、令人感到非常鼓舞。该计划已被付诸实施,并取得了初步的成绩,说明
中国人类学的国外研究不仅是必要的,也是可能的。迈出这一步非常关键,应该
孜孜不倦地坚持下去。我本人也愿意参与到这一动议中去,希望自己能够对现
当代的日本社会与文化,也做一些基于田野实证的研究。

当初决定东渡日本时的一个想法,就是希望有机会从"外部"回望中国,这除
了对自己以往的学术研究能够有所反思和提升之外,确实也是想拥有一个"外
部"视角,并希望籍此能够更加清晰地"反观"中国的各种社会事实和文化现象。
对自己来说,十多年来穿梭往来于中日之间,犹如在"故乡"和"异域"之间反复
体验着"穿越"、"跨境"之类的漂泊感。在某种意义上说,"异域"已不再那么遥
不可及,"他者"中不少也已成为邻居、同事或友人,但"社区"却难以定义、难以

界说。看似一个村镇或街区,但实际上它是相当开放、边际模糊的,远非我们以往在国内从事社区研究时那样的感觉。换个角度说,自己的确是在异域"田野"中生活了很久,虽然在多数情形下,并不是明确地意识到自己的人类学者身份或立场,更多的就是生活在"那里",却也时刻留意着日本人日常生活里的各种问题和趣事,时不时也有机会听取他们对自己生活的主位性解释,从而获得了不少对于日本社会及文化的感受和看法,当然,这中间有很多认知恰恰是在将其和中国、中国社会及中国文化的"比较"中得以明晰的。所有这些体验和感受虽说零散,却也真切,但一直说要整理思路,进入写作状态,却因诸多理由一拖再拖。理由之一是每年以中文出版的有关日本的书籍如此之多,在国内还存在一个庞大的"日本学",这就让人感到有必要学习、再学习;同时,对于日本民俗学和日本文化人类学之本土研究的学习,也总觉得还应该再多下一点功夫。在日本期间,我之所以努力地同时参与其民俗学和文化人类学两个领域的学术活动,正与此有关。在客观上,截至目前更多的是和日本文化人类学的中国研究者交流较多,而和其本土研究的交流较少,究其原因,大概是由于自己对于国内的民俗学和文化人类学领域里的许多学术问题,也一直抱有浓厚兴趣的缘故。当然,对我来说,更重要和更艰难的,还是如何去"写文化",如果描绘和表述作为"异文化"的日本,这是眼下最感烦恼的困扰。

大体上,我初步为自己设计了这样几个研究课题或思考的路径:

一是"日常的危机",主要关注日本人何以在其日常生活里也有那么多的"危机感",他们不厌其烦、日复一日地为可能到来但却未知的"危机"而准备着,他们极力地追求秩序,一丝不苟地追求"万全"的安全对策,他们要的是近乎"绝对"的安全和安心。于是,全世界都看到了不久前的大地震、大海啸和核电站事故来临时,市民们不慌不忙、井然有序地应对灾难的场景,并由衷表示赞叹。于是,他们建构了或许是世界上最为安全和井井有条的社会。作为来自在安全环境和社会秩序方面永远"大大咧咧"的国度的一名观察者,这当然会对我自己构成强烈的"文化冲击",从而引起我研究的兴趣。我希望能够写出日本人在"日常"中为"非常"作准备的那种社会及文化的感觉。

二是"现代日本的生活革命与生活文化"。这一课题思路主要是想融合文化人类学与民俗学两者的学术资源,从一个发展中国家赴日侨居学者的立场,观察作为发达国家的现代日本的"生活文化",包括伴随其经济高速增长而发生的生活方式的全面、彻底的"革命"以及新的生活方式和新的生活文化的形成等。我在爱知大学十多年来,一年一度要讲授的一门课程,即"现代日本的生活文化"。由于是对日本大学生用远不够地道的日语讲述他们的"现代""生活文化",我压力很大,除了要花费很大气力备课外,当然还必须对这一主题有一定的观察、思考和研究,这样,自然也就形成了一些看法。相信通过此类课题的文化人类学研究,对于我们理解已经、正在和即将在不久的未来,中国社会亦有可能持续发生的"生活革命"、新型生活方式的形成与普及,还有现代中国各种新的文化动态等,都会有一些帮助,构成必要的参照。

我的第三个课题是"琉球王国的风水政治"。我试图研究的古琉球,是一个曾经位处中国文明圈周边的"卫星王国",这个课题主要是想探讨其历史上出现的"风水政治",追索它的背景和意义。这基本上属于一项历史人类学的研究,但它将有助于我们深入地理解截至19世纪中期,东亚的中国"天下"文明体系的逐渐解体过程,以及日本帝国主义崛起、日本吞并琉球王国的历史事件等,对中国所带来的冲击和颇为长远的后果及影响。

上述这些研究思路,不是一下子形成的,也都不容易一下子完成,希望自己能够从容地展开相关研究,而不受"截止时间"的影响。中日两国既系一衣带水的近邻,又互为竞争对手。每年日本出版的有关中国的著述,要远远多于中国出版的有关日本的著述;而在国内有关日本的出版物里,绝少是基于人类学立场的作品。以日本等发达国家的现代复杂社会为对象的人类学田野工作,实际上要困难得多,其社区成员的流动性、快速变迁的社会文化过程、日常生活的隐私化、经济活动以及政治和法律制度的复杂性等,常导致研究者无从着手。问题之一是如何界定并进入社区以及如何和访谈对象建立信任关系。日本社会高度重视个人隐私和个人信息的保护,市民对此亦极为敏感。长期以来,日本学者对世界各地做了大量的田野调查,但却对外来调查者在日本国内或日本人社区里的"存在"极不适应。复杂的敬语和繁缛的礼节,经常会在调查者面前形成难以穿越的屏障。发展中国家出身的研究者和日本、法国、美国等发达富足国家的被研究对象之间,不经过艰苦努力,将不会自动地产生均衡、平等的对话与交流关系。但无论如何,中国人类学者以日本为对象、为"田野"的研究,当然应该是中国人类学海外民族志研究计划不应忽视或回避的组成部分。

第五编

中国人类学田野作业的
现状与前景

更为深入、细致的田野工作是中国人类学发展的立足点

王建民*

近年来,中国人类学界,无论是在相关课题的研究,还是在人类学专业的学生培养过程中,都比较重视和强调田野工作,但在对田野调查的认识、田野工作技术把握等方面还存在着相当多的欠缺。有不少人认为,只要是去了田野点,就是做田野。其实不然,人类学的田野工作是有其学术理念与方法论的思考为基础的。在对于人类学理论与方法论具有较为深入认识的前提下,才能够在学者们各自的研究实践中,创造性地、灵活地使用田野工作的方法和技术,以深入、细致地讨论所要研究的问题。

一、田野民族志的问题

田野民族志是田野工作与理论思考的集中体现,是人类学知识生产的具体成果,目前来看,中国人类学界的民族志书写存在着一些问题,令人满意的田野民族志文本并不算多。以人类学专业的硕士、博士学位论文来看,其中很多都是以民族志文本的方式呈现的,最能体现人类学专业"成年礼"的意义。存在着两种值得反思的倾向:或者堆砌了不少民族志资料,有不少故事,但看不到理论思考,缺乏把故事串联起来的理论主线,通过田野资料来进行理论讨论不足,驾驭

* 王建民,中央民族大学民族学与社会学学院教授。

既有理论的能力不够;或者只是在理论回顾中堆砌一些理论,缺乏梳理,又找不到可以和这些理论有所交集的田野民族志材料,鲜见文化实践者的身影,缺乏细致的民族志故事,有些学位论文甚至只是有和新闻记者做新闻报道时呈现的内容差不多的事件过程描述。有些人说这是在探讨多元的民族志文本书写形式,但首先得要搞明白什么是民族志,熟悉民族志文本的撰写方式和规则,才能够认清民族志撰写中存在的问题,才能够有针对性地进行新的探索。我认为,目前大部分中国人类学家还没有达到探索多元的民族志文本的程度,特别是想要从事本专业教学和科研工作的准人类学者更得要强调和保持好民族志书写中的学术、学科规范性。

二、问题的症结

我感到目前存在的问题可以大致归咎为田野工作不够深入、细致,民族志文本缺乏细节。

(1)有些田野工作对所要研究的问题并未深入探讨,而是往往停留在"就事论事"的层面上,即使是讲"事",也往往欠缺场景中的"细节"。这里所说的"细节"并非是说对调查对象的什么方面都要了解得很详尽,而是围绕着所要探讨的问题,"细"到有理论关怀和思考,不是为了细而"细",甚至在田野民族志中堆积了一些臃肿的材料,应当以更好地进行问题分析与理论讨论作为导向。与此同时,只有充满了"细节"的田野工作才能够更好地把握人类学的理论与思考。

(2)有些田野工作对"人"的关注不够。在任何田野工作中,"人"都是至关重要的因素,不仅是民族志调查研究者,更重要的是在文化实践或者说文化再生产的过程中发挥其能动性的文化实践者。民族志故事是靠在田野场景中文化实践者的行动和言说加以呈现的。深入、细致的田野工作需要对有行动和言语"细节"的"人"的观察、记录与呈现。田野工作应当关注到社会关系、社会结构、文化观念对于社群(community)中的个体的影响,更需要注意这些作为实践者、行动者的个体对于社会关系、社会结构、文化观念的创造性实践。除了这种能动性(agency)之外,如果我们再说到以往民族志中关注不够的情绪情感、感觉,民族志工作者和田野中的文化实践者的互动等问题,"人"就更重要了。

(3)在调查过程中注重理论关怀与思考和民族志田野工作的深入、细致并无抵牾。因为所谓"细节"恰恰是与理论反思和批评相关联的。要想取得学术理论的内化,不仅是将各学派的理论熟记于心,更应当着力于理论的拓展与反思和理论思考上的原创性。作为人类学者的成年礼,规范的田野作业实践向来受到重视。在人类学的研究工作中,如果只是理论阅读做得好,而没有好的田野实践历练与经验积累,是很难能够吃透既有理论,并进行理论创新的。有些学生课堂讨论过程中理论阅读不错,但到要去做田野工作时就停滞不前了,通过明了理论和田野的关系,这种状况有可能得到改观。有"细节"的田野是人类学者反思和批判"自我"的过程。这里的"自我"不仅仅是指人类学学者自身,还是"既有的人类学知识",即"学科的自我"。应当在这一反思与批判的过程中,寻找既有学科知识的欠缺,以求学科的发展。

(4)有"细节"的田野工作需要把握好被研究对象整体与细节的关系。整体是更大的关系网络中的整体,关涉到一个方面与另外一个方面的联结;细节是整体观照下的细节,并对整体有观照、进行阐释。不过,应当强调的是,我们不是要大家去做那种百科全书式的民族志,而是要求从更有学术聚焦点的专题出发,不是面面俱到。如果题目过大,什么事都要讲一讲,而个人田野工作搜集的材料有限,也不可能事事都通,参考其他人的东西就多,学术原创性就很难保证,甚至可能会导致剽窃、抄袭、注释不规范等违反学术伦理和学术规则的不良现象的出现。

(5)有"细节"的田野工作还应当注意如何处理所谓的地方性知识。地方性知识原本并没有一个统一的模板,但由于它往往是知识生产的结果,在一个社群的交流中达成共识,因而表现出一定的共性。不过,人类学学者还应当明确地意识到,地方性知识的书写版本,包括人类学家撰写民族志文本、族群和地方文化精英的写作实践等,对于现在场景中存在的更为多样化的地方性知识有着强烈趋同性的融合力量,它在一定程度上越来越加速地消减着地方性知识原本存在的复杂性、多元性。因此,对于地方性知识也要注意更为深入、细致地进行调查和发掘,而不是浅尝辄止。

三、"可持续性"的田野

我们强调民族志田野工作要求有田野工作时间的保障,而我们现在的研究生招生制度有问题,硕博分开,各三年,有些学校是硕士两年。如果不是本专业持续学习,博士研究生不花费全部的甚至超人的精力,在三年之内是很难很好地完成理论阅读、田野工作几个方面兼顾的学习研究任务的,而在课程设置与选择、学生学籍和宿舍管理等方面的种种针对研究生的"管理制度"更使问题益发凸显。这样就很难保证能够开展我们所说的深入、细致的田野工作,有些大学要求人类学专业博士研究生进行一年以上的田野工作,并已经初见成效,值得推广。深入、细致的田野工作要求时间投入的持续性(时间跨度、实际投入的时间),也许我们得要努力开展"可持续性"的田野工作。

(1)"可持续性"的田野工作要求人类学学者用更长的时间持续研究或者保持对研究对象的追踪研究。人类学研究中的理论创新并不是一蹴而就的,需要长期的探索,以求更加深入、深刻地理解被研究对象,这样才有理论创新的可能。规范的田野作业要求顾及田野中的生命周期,但同时也应当看到时间变迁对揭示现象本质的作用。所以除了延续一年的田野工作之外,也可以考虑用多次的、延续性的方式来开展田野工作。当然,除了多次到同一个田野点进行田野工作,也可以在田野过程中开展多点的调查,不过,这种田野工作方式是要弥补单一田野点的局限,发现在一个田野点的田野工作不能发现的问题,要对各田野点之间的关联性有更多观照,还要强调多点绝不意味着要缩短时间。

(2)"可持续性"的田野要求把持好对田野对象的长期关注和持续的敏感度。这种可持续性知识生产的基本环节可以更多地看到田野工作与理论的对话:田野工作——理论探讨——再回到田野——理论探讨。这样一个过程有可能会反复进行,因为田野中的研究对象在变化,知识生产的认识主体在变化,各种力量不断地介入到一个社群生活的空间之中,文化在现实场景中不断地被再生产,只有跟随这种变化才能实现人类学知识生产的文本更新和理论创新。

总之,我们应当认识到,深入、细致的田野工作与反思的理论创新是中国人类学研究走向世界、中国人类学知识共同体与世界进行学术交流的立足点。

中国人类学田野工作的现状与反思

石奕龙[*]

　　目前国内人类学、民族学研究的田野工作现状如何,这可以从已发表的、由博士论文修改而出版的著作中看到。因手头有几本,所以我们可以先看一看这些著作中他们田野工作地点与工作时间的自述情况。

　　北京师范大学民俗学专业毕业的刘晓春博士的著作《仪式与象征的秩序》是根据他的博士论文改编而出版的,他在书中说:"本书材料主要是依据笔者 1996年 12 月 2 日—1997 年 1 月 20 日、1997 年 2 月 14 日—4 月 6 日、1997 年 6 月 22日—7 月 12 日、1998 年 7 月 20 日—8 月 24 日在江西宁都县富东村所作的四次田野作业。"[②]将这些日子加起来,刘晓春博士差不多做了六个月左右的实地田野工作。

　　从中央民族大学民族学与社会学学院获得博士学位的李成武根据他的博士论文改编的《克木人——中国西南边疆一个跨境族群》一书记述:"1999 年 11月,我踏上前往克木村寨的行程。我选定的田野工作地点是位于云南西双版纳傣族自治州的猛腊县。中国所有的 11 个克木村寨,有 9 个即分布在猛腊县(其余两个在西双版纳州的景洪郊区)……得到了猛腊县民委干部李年生的大力襄助。在他的帮助下,我顺利地进入了猛腊县磨憨镇尚勇办事处所辖的一个克木村寨王士龙。从那时起,我真正开始了在克木村寨两个多月的田野调查工作。"[③]

---

　　* 石奕龙,厦门大学人类学研究所教授。
　　② 刘晓春:《仪式与象征的秩序》,商务印书馆 2002 年版,第 38 页。
　　③ 李成武:《克木人——中国西南边疆一个跨境族群》,中央民族大学出版社 2006 年版,第 2—3 页。

根据他在书中的自述,他的实地田野工作做了两个多月。

北京大学社会学人类学研究所的博士杨渝东在他根据博士论文改编的著作《永久的漂泊——定耕苗族之迁徙感的人类学研究》中说:"2003 年 7 月中旬,我到云南省一个叫做上坝的苗族村寨从事社会人类学考察。该村位于滇东南红河州的屏边苗族自治县和平乡。"[①]"7 月 14 日,我达到屏边县城","在屏边县政府,我遇到了县民宗局前局长陶自良。知我来意后,他建议我不要去当年雷广正调查的岩峰村,因为那里交通非常不便,而且村内人口还不到两百人,然后他向我推荐他曾任过乡党委书记的和平乡所辖的上坝村。其理由有四,首先上坝的人口数量在七百人左右,是全县的第二大苗族自然村;其次该村位于高山之上,苗族自身的文化特征保存得相对完整;再次村里的生活条件相对较好,我去了不会吃太多的苦;最后他特别强调,他过去的老上级,县民宗局的老局长陶凤明就是出自上坝,他退休后回乡下养老,我去了若有问题和困难都可以找他帮忙。"听了他的介绍,"我最后决定接受他的意见,将上坝定为我的田野地点"[②]。于是"7 月 19 日到达上坝开始田野调查","之后的一个月时间,我学习了苗语,并可以和村民进行简单的对话,村民们也逐渐熟识并接纳了我。然后,我着重了解村落的家庭、家族、姻亲等社会组织,并收集了大量反映家庭规模、人口状况、农业生产、经济结构的统计资料,对村落的社会关系有了深入了解。在此期间,我利用参加他们的农业劳动、入户访谈、一起赶集、家庭便餐等机会观察了其社会结构的运作机制。在此基础上,我用了大约四个月的时间调查了村落的象征体系,逐一访谈了村落中重要的仪式专家以及熟悉村落历史的老人,并参加村里的各种仪式,也到邻近的村落观察苗族婚礼、葬礼和年度仪式,并将大量口述资料请村内有一定汉语能力的人协助翻译。由于村内的大多数仪式都集中在下半年到第二年开春这段时间,所以我也基本上观察到了他们的大多数仪式。最后,我于 2004 年 2 月 25 日,也就是参加完村内'祭龙'仪式的第三天离开上坝取道昆明,在 27 日回到北京"[③]。换言之,除了前期的一些工作与折腾外,他在上坝及周边地区待了大约七个月又几天的时间从事田野调查。

毕业于中央民族大学民族学与社会学学院的博士祁进玉在其根据博士论文改编的著作《群体身份与多元认同——基于三个土族社区的人类学对比研究》中

---

① 杨渝东:《永久的漂泊》,社会科学文献出版社 2008 年版,第 1 页。
② 同上书,第 8—9 页。
③ 同上书,第 44—45 页。

说:"本书是通过对土族社区分布格局的差异性描述,探讨有关地域认同意识产生的原因及其影响。以几个农村土族聚居社区和中型省会城市、大都市的散杂居土族社区为调查点,探讨一种地域认同意识如何随着场景的不同、随着场景的不断扩大和转换而使得群体或个体的认同出现差异的现象。"而"在调查点的选择上主要考虑两个原则:一是典型性,即田野调查地有丰富的民族文化传统的物象,譬如民俗展演、风俗习惯、语言的独特性、居住格局等都有特色;二是有代表性,即调查地点既有普遍性,又有代表性。所以选择了土族的三大方言区:黄南藏族自治州同仁县的'五屯'土族村庄、互助土族自治县的几个农村社区,民和回族土族自治县三川地区。又因为对比研究的需要,选择了青海省西宁市为中型城市社区,重点考察土族在散杂居的都市环境中的生存状态以及他们的群体认同现状。此外,又选择了北京市,作为研究土族精英层群体认同的现状以及在全球化影响下大都市中少数群体的生存策略。同时与前面所选择的传统土族农村社区加以对照,考察少数群体随着情景的改变,他们的地域认同与族群认同等意识的变化及其趋势"。他跑过大大小小 20 个村落,并在两个城市中找些土族群体调查。这么多地点,他"从 2003—2005 年期间利用寒暑假进行田野调查前后历时近一年时间"①。

中央民族大学民族学与社会学学院毕业的博士海力波在其博士论文《道出真我——黑衣壮的人观与认同表征》中说:"我对那坡黑衣壮人的田野调查从 2004 年春天断断续续到 2005 年夏天,一个我称之为'文寨'的黑衣壮山寨是我的主要调查点。调查期间,我还在那坡县城、城厢镇吞立屯、下华乡达文屯等地进行了辅助调查。从 2005 年 9 月到 2006 年 1 月,我在论文写作的过程中,还通过书信、电子邮件、电话采访等方式对相关人员进行了补充调查,并与来到桂林的'文寨'居民进行了深入访谈。在田野调查期间,我还多次在那坡县城对当地的官员、居民、知识分子进行访谈,并收集文献资料。"②

中山大学人类学系毕业的博士周建新在其根据博士论文修订出版的《动荡的围龙屋——一个客家宗族的城市化遭遇与文化抗争》中,他选择了 K 城的一个城中村——钟村作为田野调查地点:"自 2004 年初正式进入田野后,我前后在钟村进行了一年多的实地调查,即使是中途因有事回学校或外出开会不在田野

① 祁进玉:《群体身份与多元认同》,社会科学文献出版社 2008 年版,第 24—26 页。
② 海力波:《道出真我》,社会科学文献出版社 2008 年版,第 48 页。

现场,我也与我的报告人经常互相通过电话、信件等方式保持联系,让我随时随地了解护祠事件的一举一动。在调查过程中,我坚持自由开放式访谈,意在全方位掌握村落历史、社区文化、村民生活、人口生计、宗族组织,当然重点还是与护祠事件相关的方方面面的人(物)、事(情)、情(感)、势(态),但不是一上来就是目的性很强地瞄准、定位在护祠事件本身。这种开放式访谈的好处是有利于将调查范围放在更大的场景,接触和认识更多的人事,了解和掌握更真实的信息和材料。"①

毕业于中山大学人类学系的秦红增的博士论文《桂村科技——科技下乡中的乡村社会研究》把广西壮族自治区隆安县那桐镇西北部一个学名叫桂村的村庄作为自己的田野地点,选定调查点后,他的"调查期从2002年8月到2004年4月,持续了近两年"。但也并非在那里待了近两年,而是"在此期间我根据不同季节、时令来选定调查时段的,如农忙农闲,节前节后,田间管理期、收获期等,以便对社区活动有个全面的观察,并有所重点。尤其选题研究的是'科技下乡中的乡村社会',要及时跟上乡村的变化,田野调查更不能早早结束,草草收场"②。

中山大学人类学系毕业的刘志扬的博士论文《乡土西藏文化传统的选择与重构》一书说:"将西藏拉萨市北郊娘热乡作为我的田野调查点是从2002开始的。那年的7月初,我参加周大鸣教授和中国藏学研究中心副总干事格勒博士共同主持的《西藏参与式发展研究》课题组的研究。8月中旬,课题组的调查结束后,我只身留在拉萨,住在北郊距离市中心7公里处的娘热乡境内一家单位宿舍内,打算寻找一个适合今后研究的调查点继续做下去,同时也想学习藏语。"碰巧有同学介绍,于是他就在拉萨跟土旺老师学习藏语。"9月,我通过官方途径找了娘热乡政府。乡长对我的研究十分支持,还专门让一个乡干部作向导配合我的调查。在接下来的两个月中,我对全乡的7个行政村中的5个村进行了初步的调查和了解,最后决定以娘热乡为调查点""我的第二次田野调查时间是在2003年6月末至12月下旬,共计5个多月时间"。除此之外,"2005年7月初,中国藏学研究总干事格勒博士将我列入他主持的国家社科规划重点项目'中国百县市经济社会跟踪调查·拉萨卷'课题组成员。在拉萨的近两个月的时间里,利用每个周末的两天假期,我重新进行了调查"③。

① 周建新:《动荡的围龙屋》,中国社会科学出版社2006年版,第10页。
② 秦红增:《桂村科技》,民族出版社2005年版,第8—9页。
③ 刘志扬:《乡土西藏文化传统的选择与重构》,民族出版社2006年版,第5—9页。

　　中央民族大学毕业的庄孔韶的《银翅——中国的地方社会与文化变迁》一书虽不是由博士论文改编的，但它是一本根据博士后研究修改的著作，其中也谈到了他的田野工作经历。他在导言中说："1986 年至 1989 年我 5 次访问了《金翼》一书描写的同一县镇，追踪金翼之家的后裔和书中尚存者，访谈 400 余人。在累积一年两个月的实地调查后，开始我的《银翅——中国的地方社会与文化变迁》（1920—1990）之撰写。"①

　　以上都是以田野资料为主的描述性民族志研究，下面再看几例历史人类学研究的历史民族志的例子。如北京大学社会学人类学所毕业的舒瑜博士做的就是历史人类学的研究，她的由博士论文改编的著作《微"盐"大义——云南诺邓盐业的历史人类学考察》中的前言说到，本书是一份关于"盐"的历史民族志，是以物为视角的人类学研究个案。基于对云南大理云龙一个盐井村落（诺邓村）的田野调查，本书力求呈现"盐"这样一种司空见惯的物品在特定地方所展开的历史进程和文化图景，盐在历史上如何勾连起诺邓的"内外""上下"关系，以及今天仪式生活中的盐如何言说历史。由此看来，她也做了田野调查，然而，她只是在前言中笼统说了一句"我于 2006 年、2007 年两次到诺邓开展田野工作"，但没有清楚交待其田野工作的时间长短，她第一次去诺邓应是"2006 年 1 月"，②而 2006 年正月初三她跟房东的女儿去三崇庙磕"平安头"，正月初三为 1 月 31 日，这时她到诺邓最多也只有一个月的时间。后面我们从她的一些调查录音记录的时间看，2007 年 7 月 15 日她在诺邓，而到 9 月 5 日她还在那里调查录音，所以她做的两次田野，一次是在寒假里，一次是暑假，因此估计她在那里的做田野调查的时间不会超过四个月。

　　毕业于北京大学社会学人类学研究所的博士张亚辉也是做历史人类学研究的，他在他的《水德配天——一个晋中水利社会的历史与道德》的前言说："本书是一份通过灌溉研究汉人村落的历史民族志报告，是在我的博士论文的基础上修改而成的。"当然，作为人类学的研究者，他也必须从事田野调查工作，但他也与舒瑜一样，没有介绍他的田野调查过程，只是说在老师的启发下，"2005 年，我设计了研究计划，接着，从 2006 年春天开始，选择在山西展开田野工作。我将自

　　① 庄孔韶：《银翅——中国的地方社会与文化变迁》，生活·读书·新知三联书店 2000 年版，第 2 页。

　　② 舒瑜：《微"盐"大义——云南诺邓盐业的历史人类学考察》，世界图书出版公司 2010 年版，第 44 页。

己的研究地点定在晋祠灌区。本文将基于我在这个山西村庄的田野调查中所获资料和地方史料,实验一种以水为中心的历史民族志,使自己的研究与人类学、社会史、社会理论有关水的研究联系起来,提出自己有关水的社会性的解释"①。

中央民族大学毕业的博士张原也同样做历史人类学研究,他的由博士论文修改而成的著作《在文明与乡野之间——贵州屯堡礼俗生活与历史感的人类学考察》也是一本历史民族志,他说"本书基于贵州黔中一个屯堡村寨(九溪村)的田野调查"②,但也没有清楚地交代他在安顺屯堡的九溪村做了多久的田野工作。

综合上述情况看,这些博士或博士后论文可以分两类,一类是从事文化的研究,而且这类研究多比较具有整体性。庄孔韶的《银翅》、杨渝东的《永久的漂泊》、李成武的《克木人》等。另一类则是研究某种专题,如事件什么的。如周建新的《动荡的围龙屋》、秦红增的《科技下乡》等。但不管哪种类型,都表现出,这些博士与博士后的论文的田野调查时间不一,最短的两个多月,普遍的是5—6个月,最长的是将多次的田野工作时间累积起来计算的,其可以达到一年两个月。至于有的人如秦红增自述说起田野工作期间延续了近两年,但实际上根据他在其书的后记中所说,2002年初夏,他与导师在安徽南部做田野,还在选择调查地点而寻觅,所以还未进入桂村。到后来,有了广西隆安县县委副书记的关系后,才于2003年1月带几个助手到了隆安县,在县里开了几个座谈会后才确定以桂村为调查地点,然后下到村里做了6天的调查,这以后,在2003年8月、12月,2004年1月自己多次下去调查,并在2004年2月请几个女助手调查妇女对科技下乡、子女教育、计划生育、乡村民主选举等问题的看法,2004年4月初又去了几天,答谢桂村人的合作与帮忙。由此看来,在他所说的这近两年期间,他真正在田野的时间也只有四五个月左右。因此,就上述的例子看,真正时间超过一年的只有庄孔韶的《银翅》了。通过对上述这些人类学、民族学博士的田野工作的情况看,我以为,最为普遍的做法,应该是在田野中做6个月左右的调查工作,并以此为标准,有的人少些,有的人多些。按要求应该在田野中从事一年左右调查工作的人肯定有,但相比之下,能按要求做的人比较少。

为何会出现如此的状况? 我想以下三个方面可能是导致这种状况的最主要原因。

---

① 张亚辉:《水德配天》,民族出版社2008年版,第2页。
② 张原:《在文明与乡野之间》,民族出版社2008年版,第1页。

其一,是国内的博士教育体制导致的。国内为博士生设定的学制为三年。①过去国家负担三年学习期间的费用,现在自费,但也用此来分配奖学金,但如果超过三年,不仅享受不了奖学金,还会造成一种假象,即如果你没有在三年中毕业就肯定有问题,是不是能力的问题,或是什么?总之肯定有狐疑,因此接受单位就难找,就业就成问题。而在这三年中,按人类学、民族学博士生培养的要求,一般是专业知识修习一年,一年从事田野,一年撰写毕业论文。但是各个学校又规定如果在 6 月 10 日前没有完成博士论文的答辩,9 月份就拿不到博士学位证书。因为,博士通过答辩,需将其结果公示三个月。因有此制度的要求,这就要求博士生应该在 3 月份左右拿出博士论文的初稿给导师看,导师看后,提出意见修改后定稿不能晚于 5 月初,因为博士论文必须送出去盲审,而这盲审通常需要一个月的时间,5 月初定稿后打印出送出去盲审,5 月底 6 月初评审材料可以返回,如果都同意该生答辩,就可以如期在 6 月 10 日前答辩完,从而不影响 7 月毕业和 9 月份拿到学位证书。但这样一来,就要求博士生在 3 月份必须完成博士论文的初稿,否则导师也无法精心指导。所以,如果从第三学年的开始才开始写论文的话,完成初稿的时间实际只有 7 个月,这一时间对想写 20 万字左右的博士论文应该是不够的。一年的写论文的时间不能减少,那么就只能减少田野调查时间了。所以,这种三年制的博士教育体制再持续下去,那些人类学、民族学的博士生的田野调查时间短的问题仍然很难得以解决。另外,有的学校有在第二学年上学期博士生需交开题报告的规定,也是造成博士生田野工作时间短的一种制度性因素。换言之,原本在第二年一开始,博士生应到田野地点做田野,但中途却要将其叫回来完成开题报告,这来回一折腾也许就要去掉了两三个月的时间,这必然也要使田野工作的时间缩短。

其二,调查经费不足也可能是一种重要的制约因素。在目前的教育体制下,一位人类学、民族学的博士所能支配的研究或调查经费跟其他专业的一样,都是一千来元,这对不需要外出做田野调查的专业的学生也许够了,但对人类学、民族学的博士生来说是远远不够的。我想这也可能是一个制约调查时间长短的因素。因为博士生招收单位如大学没有充足的经费支持学生做田野,很难要求博士生去完成长时间的调查,并保持一种学术中立的价值观。所以,这种经费不足的情况,也使得有些博士生要依赖别人,如导师的课题或依赖地方政府的支持。

---

① 有的大学已改为四年,我觉得这是一个明智的举措。

也因此,就可能使田野调查受较多的外力牵制,如对导师所研究的东西不熟悉,须有一个熟悉的过程和积累的过程,才能上手;如依赖地方政府,又可能受到某种政治因素的制约,从而使学术中立的态度难以建立起来等等。当然,没有充足的经费从事人类学、民族学的田野工作,这制约着博士生所从事的人类学、民族学成丁礼,而且也同样使我们这些人类学、民族学研究者受到这方面的制约,所以其实有许多专门从事人类学、民族学研究的学者也同样有田野工作方面无法做得时间长些的困扰,从而也与这些博士论文有同样的困惑。

其三,可能是受到我们老一辈人类学、民族学家所做的民族志的影响,因为这些前辈的著名民族志大多都是在短时期调查的基础上形成的,所以这种现状也有可能是因效仿前辈的做法导致的。如费老著名的《江村经济》的田野调查时间只有一个多月。① 费老和张之毅先生的《禄村农田》的田野工作做了三个多月(1938 年 11 月 15 日—12 月 23 日,1939 年 8 月 3 日—10 月 15 日);②张之毅的《易村手工业》的田野工作只做了 27 天;写《玉村农业和商业》的玉村调查是在 1940 年和 1941 年进行的。费老说:"由于玉村离呈贡的魁阁较近,而且交通方便,所以他能和我的禄村调查一样,在整理出初步报告后再去深入复查,步步提高。由于他所遗下的稿本里缺了叙述调查经过的一章,我已记不住他进行工作的具体日期。"③由此看来,玉村的调查的具体时间应该也不会太长。林耀华先生的《义序的宗族研究》的田野工作也只做了三个月,这个地点离他福州的家并不太远。林耀华先生的《金翼》写的是他老家的事,虽没有讲明调查时间,但他在 1934 年、1937 年各回去了一次,我想他应该是在暑假期间回去的,如果要调查的话,也只能利用这两个时期,所以《金翼》的田野工作时间最多不会超过两个暑假,也就是三个月到四个月的时间。而杨懋春的《山东台头:一个中国村庄》也是讲述其老家的事,我们却不知他做了几个月的田野工作,也许是利用暑假回去的时候做一些集中的调查和资料收集工作。只有许烺光为写作《祖荫之下》所从事的田野工作比较长,他在大理有一年两个月,不过,由于当时许烺光在大理的教会学校里工作,看来他是经常去西镇调查,并非一直驻扎在西镇中,所以在西镇的时间肯定没有一年两个月。总之,在过去,中国的人类学、民族学家做田野工作的时间都不长,都没有像西方的人类学、民族学家那样,至少在田野中做一年

---

① 费孝通:《江村经济》,江苏人民出版社 1986 年版,第 1 页。
② 费孝通、张之毅:《云南三村》,天津人民出版社 1990 年版,第 10 页。
③ 同上书,第 5 页。

或一年以上的调查。

当然,这种现象也许是本土人类学或家乡人类学的特征。也就是说,这些研究除了许烺光研究的是当时所谓的"民家"外,其余多是本民族的人类学家、民族学家研究本民族的事,有的甚至就是研究自己家乡的事,如费老的《江村经济》,林耀华的《义序的宗族研究》《金翼》,杨懋春的《山东台头:一个中国村庄》都是如此。如费老是吴江人,他调查的是吴江县庙港乡的开弦弓村,语言交流(费老的普通话本就带着浓厚的吴江土话的口音)没有一点问题,而且她姐姐费达生就在村里帮助农民建立生丝精制运销合作社,所以,费老到那里调查不需要有一个与当地人熟悉的过程,而且他调查的主要是经济问题,而他的姐姐正好在那里从事这方面的工作,故有些资料可能都是现成的,其收集起来非常方便,所以,他不需要花太多的时间去熟悉地方、学习语言,故这种本土人类学中的家乡人类学研究,时间虽短些,但其获取资料的效果以及某些体验与西方对异文化的研究至少要一年的调查时间确实有一些异曲同工之处。其实,这种家乡人类学研究类型也是费老、林老等的研究在国外如此让人看重的缘由。由此,我们似乎可以这样说,是中国的人类学家、民族学家在世界人类学、民族学研究中,开创了家乡人类学和本土人类学研究的先河。因为在国外,这类研究的大量出现是在第二次世界大战后。所以,在这种家乡人类学或本土人类学的刺激下,现在有的博士生们效仿老前辈,或者说得好听一些,这些时间较短的从事其本民族文化研究的本土人类学或家乡人类学研究的做法,是发扬了中国人类学、民族学的光荣传统。

尽管如此,我们也应该清醒地认识到,包括家乡人类学或本土人类学在内的人类学的田野调查短于一年时间,都可能出现一些认识不足的弊端。

人类学、民族学调查至少需要一年时间,虽说是马林诺斯基在一种不太情愿的状况下无意创立出来的,但经过后来许多人类学家的实践,却也证明它对人类学家、民族学家认识与理解异文化确有益处。至少这种一年时间的调查能使研究者在一种"自然"而非"人为"的状况下,观察到被研究者文化生活中的一个完整周期,也有参与观察或亲身体验被研究者文化生活的可能,并有在此参与体验中进一步校正被研究者主位表述与主体实践的同异或理想模式与现实模式的同异,以及进一步去认识与理解被研究者的主位意识、认知体系、象征体系、意义结构、心态、心性等和认识被研究者是如何自我建构其文化与历史的便利。因为人们的社会生活虽然像大江之水滔滔不绝、延绵不断地流淌着进行,但通常都是以"年度"为一个单位或阶段周而复始地不断运作的。所以如果你能在调查地点待上一年,你就可能在这种人类学、民族学所谓的"天然实验室"中,自然而然地看到你所调查地方的人们在一年这样一个周期中所发生的所有事件,如自然而然地看到他们的生产过程,他们举行的各种节日以及年度仪式、庆典等,而且在一年中你也可能自然而然地遇到该地有某些人出生、某些人成年、某些人成婚、某些人过世等,你也就有可能在自然的状况下看到他们所从事的各种人生礼仪的过程。而在这一年中,你也可以通过做家访,从人口统计、家庭结构的调查甚至构筑系谱等方式,与被研究者逐渐熟稔起来,这样你就可以比较自然地参与其生活,找寻该社会中已形成文字的东西,观察人们是如何在自然状况下实践的,或者人们的实践与其向你介绍的东西有哪些是同一的,又会出现什么差异,而当你发现当地人做的和说的不一致时,你就可以当场询问,以便了解为何有这样的差异,也可以从中了解到当地人更加深层的东西。而通过参与观察,你也可以了解到从事某种仪式是所使用的物质器具是什么,其有什么样的意义,其行动如何,人们在仪式中的关系,身体的姿势,仪式的空间范围、时间范围等等。

而当你的田野调查时间短暂,你只能是通过访谈来获取各方面资料,通过访谈(正式的、非正式的或所谓的深度访谈)所得到的资料,主要都是被研究者的主位表述,而且这种主位表述常常不是针对在某个场域中具体如何实践的情况,而通常是按照那一文化的规矩或依据过去传流下来的惯习应该怎么做的东西。所以,在田野调查中,光充当"收音机"或"录音机",而没有当"照相机"或"摄像机",所了解的东西多是一些所谓的"理想模式"的做法,而非"实际模式"的社会实践。当然,通过这些访谈,你也可以了解到当地人的节日仪式、年度仪式、人生礼仪等,但你可能只是了解到这些仪式的一般过程、使用的器物等,由于你没有亲身参与观察该仪式或去体验它,你就无法像在非洲恩丹布做过长期的田野调查工作(大约 30 个月)并做了大量的参与观察的维克多·特纳(Victor Witter Turner)那样能够认识到,在恩丹布人的仪式过程中,"几乎每一件使用的物品、每一个做出的手势、每一首歌或祷告词,或每一个事件和空间单位,在传统上都代表着除了本身之外的另一件事物,比它看上去的样子有更深的含义,而且往往是十分深刻的含义"①,这里所说的某些物品、手势或者身体的姿态、空间单位等某些象征的基础,非得在场亲眼目睹才能知晓,而仅靠访谈大概是无法了解这些细

---

① [英]维克多·特纳:《仪式过程:结构与反结构》(黄剑波、柳博赟译),中国人民大学出版社 2006年版,第 15 页。

节的,从而你也不可能通过这些细节去追究这些事项的含义与象征,而停留在表层。所以,单靠这些访谈构筑起来的资料,虽说可能多是被研究者的主位表述,这种做法好像是响应了自马林诺斯基以来的人类学家所提倡的、应多去了解被研究者的主位表述与思想意识的号召与做法,但是,这种只了解被研究者的主位表述与看法的做法明显是片面地理解这一提法,因为马林诺斯基以来人类学流行的这种关注被研究者主位表述的做法的前提,是要求人类学家不要仅做客位调查,不要只做参与观察而不关注被研究者的表述与感受。换言之,在做了大量的客位、参与观察的基础上多从事被研究者的主位表述的调查才会真正有成效。因此,单纯靠访谈,而没有从事参与观察和体验等,你所获得的资料就难免有些片面,因为它们都是被研究者主观的东西,而没有"真实"发生过或自然发生过的社会实践。要想检验与校正这种主位的表述是否"真实",是否是实实在在的被研究者的社会实践,唯有靠在与事件相关的各种场域与语境中的参与观察和体验,才能发现问题并继续一层一层地深入调查,而这些都需要时间。对此,维克多·特纳在研究恩丹布人的巫术指控时也深有体会,如他强调:"简单地说,每一个实例或一套指控都必须放在社会行动的整体语境中去检验。这个整体语境包括生物的、生态的和群体内部的进程以及群体间的发展。"而要"充分理解社会生活某一领域里的指控的模式和动机需要相当多的时间"[1]。由此可见,要想真正地或者比较深入地认识与理解异文化,必须要有一定量的调查时间保证,也就是说,需花时间参与观察其一个生活周期,并慢慢地从一个方面深入到该文化的整体,从表层慢慢进入到深层。所以,有的人类学家认为,要想对异文化有比较深刻的认识与理解一年时间甚至是不够的,如埃文斯-普里查德曾于1930—1936年期间调查东非的努尔人,然而,他在努尔人中真正生活与从事田野调查的时间大约也只有一年,对此他仍觉得不够,所以他在《努尔人》著作中不无遗憾地说:"我在努尔人中所住的时间总共约有一年。我认为,要对一个人群进行社会学研究,一年时间是不够的,尤其是在恶劣的情况下对一个难以与之相处的人群进行研究。但是,在1935年和1936年的这两次探访中,由于严重的疾病,我的调查不得不在还未成熟时便过早的结束了。"[2]言外之意,如果他能在努尔人中多生活一段时间,特别是在调查的后期,人类学家这时往往都已和被研究者相当熟稔了的

---

①　[英]维克多·特纳:《象征之林》(赵玉燕、欧阳敏、徐洪峰译),商务印书馆2006年版,第114页。

②　[英]埃文斯-普里查德:《努尔人——对尼罗河畔一个人群的生活方式和政治制度的描述》(褚建芳、阎书昌、赵旭东译),华夏出版社2002年版,第16页。

情况下,如再有时间继续调查下去,也许就能获得比调查初期更多、更好的资料和有更深的体验,如果这样的话,也许他的《努尔人》可以写得更好,对努尔人文化的认识可能还会更加深入和深刻些。

此外,目前大家都对格尔茨的"深度描述"的解释人类学方法感兴趣,多想去效仿,但都有一种误解,以为"深度描述"是根据"深度访谈"调查方法所获得的资料而来。然而,实际上格尔茨的"深度描述"既不是根据短期的访谈建构出来的,也不是根据所谓的深度访谈建构起来的,而是建立在他对印度尼西亚爪哇两年的田野调查(参与观察与访谈)和对巴厘岛人一年的田野调查(参与观察与访谈)的基础上,通过对某一事物(如斗鸡)数次的参与观察,并针对参与观察中逐步看出的问题一步一步深入了解与理解后才得以建构出来的。因此,较长时间段的田野调查对人类学、民族学认识与理解异文化绝对是有益处的,这不论是异地人类学、民族学的研究或家乡人类学或本土人类学的研究均如此,所以做比较长时间的田野工作,对能否真正认识与理解研究对象的文化,对所收集到的资料是否具有"真实性"等都是有所帮助和必要的。

另外,从20世纪20年代以后世界上许多人类学家、民族学家的作为看,他们为了完成博士论文都做了至少一年时间的田野调查,在此基础上,他们不仅写出了他们的民族志博士论文,同时也都为他们日后的理论阐释、与他者的比较研究,甚至是创立出新的理论打下了坚实的、良好的基础,至少他们将其作为与其他文化进行比较研究的一个重要参照。如马林诺斯基20世纪最初十年在大洋洲长期的田野调查,是他后来民族志写作与研究以及创立出功能主义人类学理论的基础,如他的《麦鲁岛的土著居民》(1915)、《西太平洋的航海者》(1922)、《野蛮社会中的犯罪与习惯》(1926)、《两性社会学》(1927)、《西北美拉尼西亚野蛮人的性生活》(1929)、《珊瑚礁菜园及其巫术》(1935)等一系列著作都是在这一大洋洲的田野调查的基础上的产物。又如维克多·特纳在非洲恩丹布人中从事的30个月的田野工作,也是他日后一系列民族志、人类学理论著作和创立出象征人类学的基础,如《一个非洲社会的分裂与延续》(1957)是其博士论文,《象征之林》(1967)、《悲伤的鼓点》(1968)、《仪式过程:结构与反结构》(1969)、《戏剧、田野及其隐喻:人类社会的象征行为》(1974)、《恩丹布仪式中的启示和预见》(1975)等也都是运用了恩丹布的田野调查的资料写作,或与他者比较而写的理论探索著作。再如格尔茨在印度尼西亚爪哇和巴厘岛的长期调查,也是其后来一系列著述,如《爪哇的宗教》(1956)、《农业的内卷化:印度尼西亚的生态变迁过程》(1963)、《商贩与王子:两个印尼城镇的社会变迁和经济现代化》

（1963）、《基本的情感和新国家中的市民政治》（1963）、《当代巴厘岛的"内部信仰转变"》（1964）、《一个印尼城镇的社会历史》（1965）、《伊斯兰教评论：摩洛哥与印尼的宗教发展》（1968）、《文化的解释》（1973）、《巴厘的亲属关系》（1975）、《尼加拉：19世纪巴厘岛的戏剧状态》（1980）、《地方知识：解释人类学论文续集》（1983）等的基础。复如道格拉斯20世纪50年代在中非地区莱勒人中的一年多的田野工作，也是她撰写毕业论文和后来与他文化比较研究的基础，她的著作，如《（扎伊尔）开赛河流域的莱勒人》（1963）、《洁净与危险：污染与禁忌概念的分析》（1967）、《巫技表白与谴责》（1970）、《自然符号：宇宙论的探索》（1970）、《文化偏见》（1978）等中都可以看到其最初的田野工作的东西。然而，看看现在我们某些人类学博士论文，由于调查时间短，又多是靠访谈获得资料，因此对被调查对象的文化的整体或深层没有较深入的认识与把握，因而，尽管他们写出了博士论文，也将它付梓公布于世，但是由于田野调查时间短、参与观察少的缺憾，这些著作至多也就是一本由其博士论文修订而成的著作，也许他揭示了某个事件的独特性或特殊性，但也很难成为他们自我今后继续从事人类学、民族学研究或与他者进行比较的基础，因此，对其人类学、民族学生涯来说，可以遗憾地说这是一种自我或他人都无法再利用的成果。而且当其就业后，再想用一年的时间去好好认识某一文化，就中国今天的现实而言，似乎是不可能的事。

所以，笔者以为，在博士生阶段，一定得创造条件做长时间的田野工作，如在第一学年之末就完成开题报告，笔者就是如此鼓励和要求自己的博士生的，同时，也不希望他们在第二学年上学期末中途跑回来做开题报告，因为这样处理，就能使博士生有整整一个学年的时间可以比较踏实地在田野中工作。当然，在做田野工作的期间，特别是晚期，其实是可以为博士论文的写作做一些准备，不仅是做好田野笔记，而且可以写某些章节，并可以边写边调查补充与完善，这样在后一年的写作也不至于太紧迫。而在调查期间，尽管有些人注重的是某一专题，但正如人类学家所说的，文化是一个整体，即便你注重某一专题，你也必须理解文化的其他方面，换言之，就是需要在这宝贵的一年中，尽可能地认识与理解文化的整体，即便你的博士论文只写某一方面或某个专题，但你所调查的其他东西，在你今后的学术生涯中也将起着十分重要的作用。换言之，即需透过这一年的调查，为你今后的人类学、民族学生涯建构出一个比较的参照体。所以笔者以为，目前国内的博士生应创造条件从事至少一年的田野工作，而在做田野时应多了解与理解文化的整体，这不仅对人类学的成丁礼有用，而且还将使你受用无穷。

寻求人类学田野工作方法的新境界

刘　谦[*]

　　田野工作方法被称为人类学的看家本事,甚至成为人类学学科认同的标识。古塔和弗格森说:"田野使得人类学研究有别于诸如历史学、社会学、政治科学、文学和文学批判、宗教研究,尤其是文化研究等于人类学有关的学科。人类学与上述学科的区别与其说是在于研究的主题(实际上在很大程度上是重叠的),还不如说是在于人类学所使用的独特方法,即基于参与观察的田野调查方法。"[②]

　　人类学学者在田野工作中,常常介乎于"研究者"与"本地人"之间。说他是"研究者",他却很少摆出博学的样子谆谆教诲,反而,十分谦恭地、孜孜不倦地学习,与当地人同吃、同住、同劳作,适应着当地的风俗、习惯、历史和地方方言;说他是"本地人",他却很多时候问些当地人眼下并不在意的"闲事",什么古时候的规矩、婚配媒妁的定式、老山的神话故事等,再加上常常拿个本子在那记呀、写呀的,又和祖祖辈辈在这过日子的人不是一回事。

　　民族志作为田野工作的成果,有学者将其发展比喻为婚恋的三个阶段:第一阶段是在19世纪中后期,民族志作者与对象跨国婚姻的第一次见面。那是一种自发、随意的状态,缺乏更专业的手段,却挡不住民族志作者对于文化现象的痴迷。泰勒的《原始文化》便是初次见面时的惊鸿一瞥。它的目光照耀了人类学的探究之路。到了20世纪20年代,进入了好比作者与对象的婚后同居阶段的第二

　　[*] 刘谦,中国人民大学社会学系副教授。此文发表于《广西民族大学学报》2010年第2期。
　　[②] [美]古塔、弗格森编著:《人类学定位:田野科学的界限和基础》(骆建建等译),华夏出版社2005年版,第3页。

个阶段。民族志作者和对象之间有了更多的默契，和专业的沟通渠道。以马林诺斯基为首，凝练的科学主义范式的田野工作方法，被推崇为作者了解对象的正宗方式，在圈外人看来带着几分秘而不宣的庄严与神圣；上个世纪 60 年代末 70 年代初现象学、解释学、后现代主义思潮渗入实地调查的工作方法后，民族志作品与其作者进入了纷纷扰扰的第三个阶段——现代离婚纠纷阶段。① 这一阶段中，以质疑田野工作中的科学性与客观性为鲜明主张，凸现作者与对象各自的权力和互构的过程。作者的权威遭到质疑，田野工作方法也不再神秘。社会学、教育学等学科不断分享着参与观察等传统田野工作方法中的模块。人类学者在田野实践中往往游移并焦虑于田野工作时间"长"与"短"的选择，田野调查地点"生"与"熟"的定位，作为观察"入"与"出"的分寸，②以及作为撰写者，对于"陈述"与"阐释"的把握。

在本质上，田野工作方法面临的诸多矛盾可以归结到人类学学科使命的困境：实证主义的知识追求与人文精神的内在诉求之间的张力与犹豫。因为，田野工作方法作为实现人类学学科使命的重要手段，作为"人类学传统唯一用于区别人类学与其他学科的组成要素"，③学科使命的困惑必然导致手段运用上的迟疑和反思。

一、田野工作方法中实证主义的科学追求

人类学这个术语的首次出现可以追溯到亚里士多德，其希腊词源是 Anthropos（人）＋Logic（研究），即对人的研究。尽管，人类学思想渊源可以追溯至远古，但作为一门正式学科，人类学应被视作近代工业文明的产物。④ 英国的泰勒（E. B. Tylor）被尊为人类学鼻祖。他从 19 世纪 60 年代开始从事人类学研究，1883 年正式接受了牛津大学的聘书和世界上第一学术意义上的人类学家头衔。⑤ 在人类学诞生之际，它最初已进化论作为指导思想，英国人类学家甚至讲"人类学是

① 参见高丙中：《〈写文化〉与民族志发展的三个时代》，载［美］克利福德、马库斯主编：《写文化：民族志的诗学与政治学》（高丙中、吴晓黎、李霞等译），商务印书馆 2006 年版。
② 刘海涛：《论人类学田野调查中的诸对矛盾与"主客位"研究》，《贵州民族研究》2008 年第 3 期。
③ ［美］古塔、弗格森编著：《人类学定位：田野科学的界限与基础》（骆建建、郭立新译）。
④ 夏建中：《文化人类学理论流派》，中国人民大学出版社 1997 年版。
⑤ 庄孔韶：《人类学通论》，山西教育出版社 2002 年版。

达尔文的孩子"①。人类学作为反观自身的学问,作为社会科学的一个分支,和社会学类似,深深地熏染着科学主义的研究范式与思维习惯。因为,在 17、18 世纪启蒙运动与社会转型中,人们将对知识的求索视为人的力量的展现,在智慧的光辉中,实现与宗教统治的决别。启蒙运动在研究自然的基础上,将新的目标纳入研究视野,包括社会、经济、思想、现代国家等,于是,社会科学从科学研究中被娩出,从诞生之日起,散发着科学的气质,而实证主义成为其精神核心。②

谈到实证主义精神,人们往往首先会想到孔德的《论实证主义精神》。史密斯在其对社会科学一些基本问题的综论中谈到,19 世纪以来建立的实证主义在本质上蕴含着一系列认识论上的深层假设,包括:认为只有通过被观察的经验获得的知识才值得被认真考虑;构成事物的基础是不能再切分的原子,这些原子构成了科学研究的基础;研究者对事物的观察要追求客观性,避免观察者的主观因素;科学的目的在于发现普适的规律,即从对特殊目标寻找规律开始,去验证科学发现能否被应用到更广泛的情况下。③

在回顾社会科学研究中实证主义产生背景及其精神实质后,可以发现,人类学田野工作方法从四个方面力图遵循着实证主义原则下的科学精神:信仰诉诸感官的观察与体验,成为通向科学的必经之路;依赖自我与他者的距离,追求客观准确的观察;关注一切细节,以形成综观认识;提取理论框架,在寻求更宽广的解释力中,肩负发现规律的使命。

第一,信奉观察和体验作为科学研究的基石,促成了人类学者强调必须亲身参与并诉诸感官的田野工作实践。即便是在马林诺斯基开创田野工作方法之前,泰勒、弗里曼等第一代书"摇椅上"的人类学家,也深深认识到收集现场经验的必要性和科学性。1874 年由泰勒亲自执笔编写的《人类学问讯录(第一版)》中,人类学者对"准确""观察"的强调便跃然于著作的前言之中。④ 后来,到马林诺斯基那里,逐渐形成了"科学民族志"的研究范式。马林诺斯基在西太平洋新几内亚进行田野工作,英国学者埃文思-普里查德在尼罗河畔开展调查,美国学者米德对澳大利亚萨摩亚岛青年人给以人类学观察……在这一点上,田野工作

① [英]马瑞特:《人类学》(吕叔湘译),商务印书馆 1931 年版,第 2 页。

② Mark J. Smith, *Social Science in Questions*, London: Sage, 1998.

③ Ibid.

④ British Association for the Advancement of Science, *Notes and Queries on Anthropology*, 5th ed., London: The Royal Anthropological Institute, 1929, page VII.

方法与实证主义共同认可是：如果要追寻实质，首先需要介入和观察事物的表象。

第二，追求客观准确的观察，成为人类学者田野工作实践中不舍的情愫。这份对客观观察的追求通常有两条路径：一是通过选取更具文化反差意义的田野工作点，将观察者和被观察者的文化处境分离，实现对遥远的"他者"的关注，就像天文学者对星空的观测。即使在今天，作为美国人类学研究重镇的伯克利大学人类学的田野工作依然是在拉美尼西亚、玻利尼西亚、中国、日本、东南亚等本土以外的区域开展。观察者与被观察者之间原本各自大相径庭的文化背景，构成了研究者与被研究者之间天然的距离，既是自然主义研究宗旨在田野工作中的潜台词，又为将研究对象作为"事实"与研究者持有的"价值"之间的分离，提供了可以理解的基础。实现客观观察的第二条路经是在田野工作过程中，有意识地避免偏见和自身认识的局限性，尽量获取全面、真实的情况。马林诺斯基曾说"不论在哪种情况下，人类学家都应该不带任何偏见地评价现实情况"①。现代人类学者虽然更加自觉地意识到不受政治、权力框架以及调查自身素养影响地获取"客观事实"是多么的艰难，甚至无望，但是仍然穿梭在主位与客位的变换间，描摹着社区的样子。比如阎云翔从 80 年代开始，作为训练有素的人类学学者，在黑龙江省下岬村进行关于当地婚姻家庭、亲属制度的调查，欲发现那里人们对于家庭生活的个人体验。在调查中，一位 70 年代坠入情网并不顾家里反对嫁给情郎的妇女，始终否认这段恋情。而阎云翔在 70 年代正在那里当农民，是这段恋情的见证人之一。但是，事隔多年，1991 年阎云翔和这位妇女谈起当年的事情，得到的仍然是否认的答复。作为田野工作者，阎云翔不可以将自己 70 年代的个人见证作为田野素材写入作品。直至 1998 年，阎云翔第五次和这位妇女长谈，就着妇女的女儿到了婚嫁年龄，没结婚就和别人发生性关系的话题，那位妇女才承认并饶有兴趣地回味了当年的恋情。这段经由当事人证实的往事，便得以出现在后来的民族志中。②

第三，对细节的关注，成为评估田野工作质量的重要标准，甚至是田野工作安身立命的本钱。马林诺斯基在其代表作《西太平洋的航海者》开篇关于研究课题、方法与范围的陈述中，明确将"构建部落的组成原则及文化剖析原则·从具

---

① ［英］雷蒙德·弗思：《人文类型》（费孝通译），华夏出版社 2002 年版，第 168 页。

② 阎云翔：《私人生活的变革：一个中国村庄的爱情、家庭与亲密关系：1949—1999》（龚小夏译），上海书店出版社 2009 年版。

体材料的统计积累中做推论的方法·使用大纲图表"作为标题。① 即使是格外强调对当事人观点进行理解和阐释的格尔茨,在推崇揭示行动与文化之间的关系进行"深描"的同时,仍然不遗不弃的是对文化细节的执着,并相信只有通过对细节的观察才能形成对特定文化的认识,所谓"细小的行为之处具有一片文化的土壤"②。他通过收集巴厘岛人六类可以用于与别人交流时,以区分自己的称谓:个人名、排行名、亲属称谓、从子名、地位称号、公号,抽绎出对巴厘岛人时间感的理解。人类学田野工作中的细腻观察比比皆是。可以说,如果没有了这份细腻,田野工作方法也便没有了价值。而细腻观察背后,是实证主义原子论的支撑。就像本尼迪克特所描绘的:硫磺、木炭、硝石构成了火药,但并不能说明火药的本质。在研究某种文化模式时,尽管文化本身不是各种文化元素的总合,但是通过这些文化元素形成对文化的认识是十分必要的。③

第四,提取理论框架,寻求更宽广的理论解释力,是田野工作最终的理论使命。通过人类学者亲力亲为,以感官直接作用于现场的观察,将现场素材切分到最小单位,并有意避免研究者主观判断对社区情况的影响,这一切的努力,使人类学研究往往最终指向建立一定的理论框架。这种寻求规律的努力,更多呈现在田野工作之后,学者对资料的解读与整理中。著名的结构人类学大师列维-斯特劳斯,撰写了迷人的游记《忧郁的热带》,并以满怀的激情和缜密的分析,从丰富的游历和各地神话中提炼出蕴含在人类思维的二元对立基本结构。列维-斯特劳斯反复用这一框架,去分析庞杂的土著传说,总能在各种神话的表面意义背后透视到其间的韵律与和声的纵横轴结构。结构主义人类学作为普适理论的典型代表,反映了人类学面对不同文化现象揭示规律,并将这样的规律反复应用到其他类似情况给以验证的科学法则。即使是最具后现代感的阐释人类学理论,虽然更自觉地意识到普遍主义科学观的文化界限,却未因此失去"对世界普遍问题的关怀"④。阐释人类学的风靡,与其既观照到地方性知识的独特与价值,又就这一观照方式提出了一套相对统一、完整的理论解释有着密不可分的关系。在中国,老一辈人类学家代表林耀华先生虽然另辟蹊径,创造了颇具文学意味的小说体人类学作品《金翼:中国家族制度的社会学研究》,在其最后一章仍然明确了

① [英]马凌诺夫斯基:《西太平洋的航海者》(梁永佳、李绍明译),华夏出版社2002年版,第8页。
② 吉尔茨:《深描——迈向文化解释学理论》,《国外社会学》1996年第1—2期。
③ [美]露丝·本尼迪克:《文化模式》(何锡章、黄欢译),华夏出版社1987年版。
④ 王铭铭主编:《中国人类学评论(第9辑)》,北京:世界图书出版公司2009年版,第50页。

以科学精神探寻规律,以期预测的理论取向:"科学不过是经过组织了的常识。一门科学的目的如果是为了控制人类生活,那么对于人际关系的研究就应当做得细致周密,以期能够预料将来从而掌握将来。"今天仍有深受西学熏陶的人类学者同意"信仰是文化多样性中观念存在的统一性,同时,也是社会事实的实体,并且还是文化身份和深层观念机构及社会结构的统一性和稳定性"①。

综上可见,在看似浪漫的人类学田野工作中,无论从对遥远的田野点的选择,还是以原子论为指导,以研究者感官为基础进行的细腻观察,抑或在主位与客位转换间撇清客观事实与主观洞见的努力,以及希图发展具有普遍解释力的理论框架,田野工作方法作为谋求人类学知识的手段,都体现了人类学作为社会科学的一个分支,秉承实证主义核心精神的例证。实证主义并不等同于以数字的方式表达对规律的认识,尽管它常常以这样的方式存在。实证主义更多的意味着发源于认识物质世界的冷峻态度、细微观察和对普适规律的痴迷。在这一点上,人类学田野工作方法同样具备其核心精髓。

二、田野工作方法中人文精神的内在诉求

在明确田野工作方法所具有的实证主义精神的同时,不能忽略的是其间蕴含的作为人文精神的内在诉求。人们通常将科学精神与人文精神作为两种并列的策略提出。需要指出,科学也应当有广义和狭义之分:广义的科学是指一切面向真理的,更接近人与自然的原本状态,能够为人类带来福祉的认识,包括对人文精神的探究;狭义的科学则特别强调在实证主义指导下,关于物质世界及其现象或者关于观念世界及其现象的整个知识体系以及各种智力活动。作为与人文精神并列的科学精神应当属于狭义的科学范畴。所谓人文精神,在本质上是对人类精神价值和生存意义的关怀。它与科学精神,在关怀的着眼点、意义与功能、表达方式等方面有着重大区别。就田野工作方法而言,检视其间的人文精神,主要体现在取材上,关注对个案的挖掘,而非对主流状态的追溯;在研究问题上指向对人性的叩问,而非技术上的改进;在表达方式上,强调对情景的描摹,而不习惯于依赖赋值的表达方式。

第一,田野工作在选题时,通常注意突出个体化、个别化,有意积攒独特的文

---

① 蔡华:《人思之人:文化科学和自然科学的统一性》,云南人民出版社 2009 年版,第 130 页。

化现象。利奇曾经称之为"蝴蝶收集术"。比如默多克对世界554种文化进行研究,结果表明世界文化中的婚姻形态75%为一夫一妻,24%为一夫多妻,1%为一妻多夫。① 其中,只有4个社会被发现实行一妻多夫婚,包括藏族。② 而这只在1%的婚配形态,却因其特定的经济、环境、社会文化土壤而被国内外人类学者尤为关注。人类学在选择田野工作点时,往往聚焦于偏远、边缘的社区与文化现象。这样似乎才够人类学"味道"。③ 杜蒙对此曾明确表示:"我们所拥有的某些理论——如果'理论'一词不太过分的话——更适用于某种类型的社会、世界上某一地区,某一'文化场'。他们停留在'低层次的抽象上',这令人遗憾,然而如果说这是束缚,那这也是人类学无比尊贵的标志,因为它所研究的人的社会类型具有无限的、无法简约的复杂性,他们是兄弟而不是物品。"④可以看出,这种寻求个性和独特性的致思方向,体现了和实证主义完全不同的出发点。以实证主义为指导的科学精神,在研究对象中总是试图从诸多个案中抽绎出某种一般规律。在那里,对个别事实的关注用意在于为寻求抽象化、普遍化的主流规律提供基础。而田野工作对于各种独特文化现象的关注,基于对多元文化构成缤纷世界的诚纳,以及对个性价值的认同。在这一点上,人类学和文学类似,不仅承认具体化、差异性的存在,而且只有在表达了一种独特价值时才被人重视。它暗示着从个案本身的独特性出发,对多样性本身及其存在逻辑的追求。

第二,人类学田野工作中,不是将文化作为既定的事实给以陈述,而是把人及其文化当作始终未完成的存在物来研究。⑤ 人类学和哲学共享着某些深层的意识形态领域的追求,在这一领域中,人类的生存意义、人的价值、先验性思维,并非现成等待去揭示的事实,而是在探索中不断被挖掘和生成的过程。在这一挖掘过程中,田野工作一般通过两种路径实现着人文精神的求索:一是以富有人文色彩的研究问题引导田野工作。人类学者常常带着诸如此类问题从事田野工

① 瞿明安:《中国当代文化人类学》,云南人民出版社2008年版。

② [美]C.恩伯、M.恩伯,《文化的变异——现代文化人类学通论》(杜彬彬译),辽宁人民出版社1988年版,第314页。

③ 尽管现在越来越多人类学学者,比如德思·策尼等,认为田野工作地点的选择不必拘于特定地理范围,只要能够鉴别出某种文化形貌的特质,便是一种对"他者"的反思。虽然田野工作点的选择形式有所变化,但是对特殊性案例的追求依然体现了人类学具有人文精神的致思方向。

④ [法]杜蒙:《论个体主义:对现代意识形态的人类学观点》(谷方译),上海人民出版社2003年版,第17页。

⑤ 关于人文学科特点的论述参见汪信砚:《人文学科与社会学科的分野》,《光明日报》,2009年6月16日。

作:为什么人类要沉溺在对"动物和植物的迷信崇拜中"？人们怎会想象自己是由大袋鼠、老鹰、牛遗传下来的？为什么那里的人们如此痴迷于某种特定的游戏,比如斗鸡,它是否影射了某种文化心态？在以马林诺斯基为代表的传统人类学家看来,尽管文化现象可以被视作科学给以研究,但是仍然将一系列研究指向"对于人性能有更深刻的了解"①,而非以发现和改良技术层面的问题为使命。二是强调在田野工作过程中,对研究者与被研究者之间文化互动与意义互构的内省和反思。换句话讲,人类学者在田野工作中,很难宣称自己是完全疏离于社区的"客观观察者",而是承认和反省着己身与社区人民的文化差异与共享。普里查德曾经真切地记述自己最初进入努尔人社区时如何被当地人的敌对情绪所困扰,后来如何在没有训练出信息提供者的情况下,依靠与当地人的亲密关系弥补信息问题。② 20 世纪 80 年代人类学内部形成的一场声势浩大的"写文化"大论争,被视为后现代思潮在人类学领域的伸展。在这一反思大潮中,更挑明了研究者在田野工作及民族志撰写中构建意义的过程。从这个意义上讲,田野工作成为在寻求异文化中寻找自我的起航。所谓"文化的创造——及政治——是一个通过将特定事物排除在外,通过惯例、话语实践而不断重构自我和他者的过程"③。

第三,在表述研究成果的手段上,人类学倾向于以人文的笔触描绘对人性的挖掘,而实证主义则偏向以冷峻的风格对事实给以解剖。这一点,正是基于上述两点的分野。同时,也是一种范式的差异。按照库恩的观点,范式的一种意义是某个学科团体遵守着共同的承诺,接受相似的学科训练,吸收同样的文献,有着共同的直觉和发布研究成果的方式。④ 人类学研究成果的表达,无论和自然科学,还是具有较明显的实证主义倾向的社会学、经济学相比,更少地强调价值中立,几乎很少用复杂的数学模型表达纯粹理性的推演。而且,在报告撰写中,即使使用数字讨论问题,只是作为必要论据支持论点,对于样本的代表性问题讨论不充分,关键是人类学研究基本上不倚重数字作为形成观点、验证假设的主要路径。米德、萨丕尔、本尼迪克特等人类学大师从来就把自己既看作是人类学家又

---

① [英]马凌诺斯基:《文化论》(费孝通译),华夏出版社 2001 年版,第 106 页。

② [英]埃文思-普里查德:《努尔人——对尼罗河畔一个人群的生活方式和政治制度的描述》(褚建芳等译),华夏出版社 2002 年版,第 14—17 页。

③ [美]詹姆斯·克利福德、乔治·E.马库斯主编:《写文化:民族志的诗学与政治学》(高丙中、吴晓黎、李霞等译),商务印书馆 2006 年版,第 53 页。

④ [美]托马斯·库恩:《必要的张力》(范岱年、纪树立译),北京大学出版社 2004 年版。

是文学艺术家。恐怕也只有通过人文的笔触,才能更好地道出鲜明的个性和人类生存及其文化的意义。

三、寻求田野工作方法的新境界

在对人类学所蕴含的实证主义与人文精神回溯中,可以发现,无论在人类学发展的哪一个阶段,都可以从双面找到影子。在整个人类追求知识的长河中,对于人类自身文化的研究,是在人们已经对天体、物理等等这些能否充分区分自我和非我领域的研究日趋成熟后,将目光转向自身的结果。这一转向,无疑带有自然科学研究中的实证主义。另一方面,劳动创造了人。人的价值理念、期盼、愿望无不映现在人与人、人与物、物与物之间运作配置的过程之中。① 人类作为大自然物种之一,在求生存过程中,通过自然的人化,在人化的自然中再现自身。而社会组织、习俗、约定等文化活动,不仅是人成为人的过程,也为人的存在提供着人生意义上的支撑。因此,智者对于人文的关注同样源远流长。

关键在于,以研究文化现象及其规律为己任的人类学,既不能放弃从客观观察出发,以科学的态度总结普适规律的追求;又困苦于纯粹理性无法表达先验性经验的人文求索。于是,人类学者在田野工作中,既关注鲜活独特的文化现象,又苦于无法将这些案例拓展为更有代表性、更具说服性的理论框架;一面在殚精竭力地收集“客观”资料,一面却不得不承认自身观察的局限性,并将这样的反思置于显著位置给以讨论;既欲表达一种规律性认识,又怀疑这样切分式的观察与表述不足以体现人类社会生动细腻的文化图画;既追求哲学般的深邃、文学般的意境,又恐失去科学的严谨与冷峻。

难煞了人类学学者! 其实,说一门学科不属于科学,并不是说它“不科学”。列维-斯特劳斯将知识分为自然科学、社会科学和人文科学。这三者有着天然的联系。自然科学属于硬学科,人文科学借鉴于硬学科的是一切始于对表象的剖析;社会科学所取的是人们要改变世界必须先承认这个世界。② 这里的人文科学显然已经归属于广义而非狭义的科学范畴。

问题似乎有了一丝转机——狭义的科学中的实证主义与广义的科学中对人

---

① 晏辉:《经济行为的人文向度:经济分析的人类学范式》,江西教育出版社 2005 年版,第 7 页。

② [法]克洛德·莱维-斯特劳斯:《结构人类学》(第二卷)(俞宣孟、谢维扬、自信才译),上海译文出版社 1999 年版,第 342 页。

文世界的探索并非不可调和。非黑即白,也是一种机械的二元对立。原本学科的由来与划分只是在知识积累过程中,为便于教学和训练所定义的知识分类。其中带有强烈的人为因素、时代特征和社会因素。① 于是,人类学作为一个学科所肩负的双重取向,可以从新的角度给以审视。而且,在重新审视时,不妨带着费孝通先生所提倡的"文化自觉"。② 以"和"的精神,通纳实证主义与人文精神;以"文化的直觉主义"为灵感,在中国文化特有的宇宙观与哲学观中,实现田野工作中知行合一的自觉境界。③ 在田野工作和民族志撰写的操作层面上可以在以下四个方面加强:第一,进一步重视定量数据的挖掘和阐释,使之与定性分析相得益彰。虽然传统的田野工作以定性资料的收集和分析为主,但是应当看到,田野工作从来不排斥通过数字说明问题的方式。比如,费孝通先生在描述江村亲属制度时,对村里不同圩的同姓家进行过详尽的数字统计;阎云翔在《礼物的流动:一个中国村庄的互惠原则与社会网络》中,对 1990 年下岬村 93 户村民的随礼花费进行了一一统计,以展示当地礼物开支状况。重视定量数据的挖掘和阐释可以从两方面下手:一方面可以通过更细致的调查,在以往文字叙述的基础上,结合特定主题下的数据收集,更全面地反映社区总体情况。另一方面,关注相同研究问题下,以定量方法开展的研究成果,更好地定位田野工作在某种问题类型背景下的典型性意义。第二,在民族志撰写中,从写作手法上力求将原始素材与作者的解读厘清。尽管在后现代思潮的影响下,人们对纯粹客观的材料持有深刻的怀疑,但是如果索性将糅杂着主观认识局限性的素材与作者的解说搅拌在一起叙述,势必令人更加迷惑与怀疑。推之极致,则带来思想的混乱而不是收获。不如在反思原始素材的局限性前提下,以引述社区人民原话等方式,将作者的解读与社区景象区分开来,以实证主义精神呈现素材,而在分析部分尽情表达人文思考。第三,形成新时期田野工作标准和程序,为田野工作者提供参考。实证主义在本质上无论从获得知识的手段,到追求知识的普适性上,都追求着一致性和连贯性,并将研究者个体差异对研究影响降到最低。尽管田野工作从研究问题到田野现场再到研究者个体修养,面临着巨大的差异与个性,但是如果能有一系列针对诸多研究领域,如宗教人类学、医学人类学、体质人类学等,提出各

---

① 杨玉良:《关于学科和学科建设有关问题的认识》,《中国高等教育》2009 年第 19 期。
② 费孝通:《论人类行为与文化自觉》,华夏出版社 2003 年版,第 208 页。
③ 庄孔韶:《银翅——中国的地方社会与文化变迁》,生活·读书·新知三联书店 2000 年版,第 493 页。

自细分的田野工作流程和核心问题手册,将对人类学者,特别是初涉田野的人类学者提供强大的技术支持。类似马林诺斯基在田野工作中不断参考《人类学问讯录》①,在新时期,面对田野工作涌现的新问题,不断整理出富有时代感的操作手册,既可以通过经典问题的提出和田野工作方法的发展,展现当代人类学的人文诉求,又可以使学者在具有操作性的标准和程序中,更自觉地反省自身局限性,克服由此对研究带来的影响。第四,促进多学科合作,在合作中寻求新的学科增长点。列维-斯特劳斯曾经感叹:"我们只有——历来只有——一个自然的世界,其性质在一切时代、一切地点都是相同的。然而,千年之间,又何止有成千上百的人类世界在这里和那里此起彼伏,恰如短促的脉搏。"②面对生动的田野、自然的世界,恐怕任何一个学科都不敢宣称穷尽了对它的认识,那么,多学科的合作被视为必然。比如通过与富有实证精神和人文精神的学科联袂,比如医学与人类学合作,人口学与人类学合作,历史学与人类学合作,相信从提高学者素养、到全面收集与利用数据、到深刻理解研究发现都会丰富和完善田野工作中的实证主义精神与人文关怀色彩。正如费孝通先生80岁生日时,展望人类学发展的寄语所言:"各美其美,美人之美,美美与共,天下大同。"人类学的研究在实证主义与人文精神的融合中,应该达到这样一种境界。

---

① *Notes and Queries on Anthropology*, 5th ed., London: The Royal Anthropolgical Institute, 1929, p. Vll.
② [法]克洛德·莱维-斯特劳斯:《结构人类学》(第二卷),第342页。

致　谢

────────

　　本书是 2010 年 6 月 20—21 日在北京大学举办的"中国人类学的田野作业与学科规范:我们如何参与形塑世界人类学大局"工作坊的直接成果。此次工作坊由北京大学社会学系联合中央民族大学民族学与社会学学院、云南大学民族研究院、中山大学人类学系和上海大学社会学系共同主办。来自数十所国内外研究机构的五十多名与会者在研讨中积极贡献了观点,共同促成了"关于中国人类学的基本陈述"的形成。他们是:Judith Farquhar(美国芝加哥大学)、George Marcus(美国加州大学尔湾分校)、Mary Scoggin(美国加州大学洪堡校区)、包路芳(北京市社会科学院)、陈进国(中国社会科学院)、冯雪红(北方民族大学)、高丙中(北京大学)、龚浩群(中央民族大学)、郭金华(北京大学)、郭于华(清华大学)、何明(云南大学)、洪颖(云南大学)、胡亮(河海大学)、景军(清华大学)、康敏(北京外国语大学)、赖立里(北京大学)、李立(云南师范大学)、李荣荣(中国社会科学院)、刘谦(中国人民大学)、刘正爱(中国社会科学院)、龙开义(新疆石河子大学)、卢云峰(北京大学)、陆泰来(Taylor Rooker,英国诺丁汉大学)、吕俊彪(广西民族大学)、罗红光(中国社会科学院)、罗吉华(中国社会科学院)、麻国庆(中山大学)、木仕华(中国社会科学院)、纳日碧力戈(复旦大学)、牛桂芹(清华大学)、潘蛟(中央民族大学)、乔微(Erika Kuever,美国印第安纳大学)、色音(中国社会科学院)、邵京(南京大学)、石奕龙(厦门大学)、谭同学(中山大学)、田阡(西南大学)、田松(北京师范大学)、王建民(中央民族大学)、翁乃群(中国社会科学院)、吴飞(北京大学)、吴晓黎(中国社会科学院)、夏循祥(中山大学)、谢立中(北京大学)、谢元媛(中国农业大学)、徐黎丽(兰州大学)、徐平(中共中央党校)、杨春宇(中国社会科学院)、袁丁(云南大学民族学院)、袁年兴(浙江财经大学)、翟源静(清华大学)、张海洋(中央民族大学)、张江华(上海大学)、张金岭(中国社会科学院)、郑宇(云南大学)、周云(北京大学)、朱晓阳(北京大学)、庄孔韶(浙江大学)。在此,我们谨向此次工作坊的联合主办单位和与会者表示诚挚的感谢!

编　者